KB083263

열려라 심화

초등수학

3-2

$\square + \bigcirc = 921$

가장 확실한
초등 심화 입문서

열려라

심화

초등수학

류승재 지음

$\dfrac{7}{10} = 0.7$

블루무스에듀
bluemoose edu

3-2
학년

누구나 심화 잘할 수 있습니다!
교재를 잘 만난다면 말이죠

이 책은 새로운 개념의 심화 입문교재입니다. 교과서와 개념·응용교재에서 배운 개념을 재확인하는 것부터 시작하는 이 책을 다 풀면 교과서부터 심화까지 한 학기 분량을 총정리하는 효과가 있습니다.

개념·응용교재에서 심화로의 연착륙을 돕도록 구성

시간과 노력을 들여 풀 만한 좋은 문제들로만 구성했습니다. 응용에서 심화로의 연착륙이 수월하도록 난도를 조절하는 한편, 중등 과정과의 연계성 측면에서 의미 있는 문제들만 엄선했습니다. 선행개념은 지금 단계에서 의미 있는 것들만 포함시켰습니다. 꼭 필요한 심화만 넣는 과정에서 3단원 원, 6단원 자료의 정리는 이 책에서 제외했습니다. 애초에 심화의 목적은 어려운 문제를 오랫동안 생각하며 푸는 것이기에 너무 많은 문제를 풀 필요가 없습니다. 또한 응용교재에 비해 지나치게 어려워진 심화교재에 도전하다 포기하거나, 도전하기도 전에 어마어마한 양에 겁부터 집어먹는 수많은 학생들을 봐 왔기에 내용과 양 그리고 난이도를 조절했습니다.

단계별 힌트를 제공하는 답지

이 책의 가장 중요한 특징은 정답과 풀이입니다. 전체 풀이를 보기 전, 최대 3단계까지 힌트를 먼저 주는 방식으로 구성했습니다. 약간의 힌트만으로 문제를 해결함으로써 가급적 스스로 문제를 푸는 경험을 제공하기 위함입니다.

이런 학생들에게 추천합니다

이 책은 응용교재까지 소화한 학생이 처음 하는 심화를 부담없이 진행하도록 구성한 책입니다. 즉 기본적으로 응용교재까지 소화한 학생이 대상입니다. 하지만 개념교재까지 소화한 후, 응용을 생략하고 심화에 도전하고 싶은 학생에게도 추천합니다. 일주일에 2시간씩 투자하면 한 학기 내에 한 권을 정복할 수 있기 때문입니다.

심화를 해야 하는데 시간이 부족한 학생에게도 추천합니다. 이런 경우 원래는 방대한 심화교재에서 문제를 골라서 풀어야 했는데, 그 대신 이 책을 쓰면 됩니다.

이 책을 사용해 수학 심화의 문을 열면, 수학적 사고력이 생기고 수학에 대한 자신감이 생깁니다. 심화라는 문을 열지 못해 자신이 가진 잠재력을 펼치지 못하는 학생들이 없기를 바라는 마음에 이 책을 썼습니다. 《열려라 심화》로 공부하는 모든 학생들이 수학을 즐길 수 있게 되기를 바랍니다.

류승재

• 차 례 •

들어가는 말 —————————————— • 4

이 책의 구성 —————————————— • 6

이 순서대로 공부하세요 ——————— • 8

┃ 단원별 심화 ┃
1단원 곱셈 ————————————————— • 10

2단원 나눗셈 ——————————————— • 24

4단원 분수 ———————————————— • 36

5단원 들이와 무게 ————————————— • 40

┃ 심화종합 ┃
1세트 —————————————————————— • 48

2세트 —————————————————————— • 52

3세트 —————————————————————— • 56

4세트 —————————————————————— • 60

5세트 —————————————————————— • 64

┃ 실력 진단 테스트 ┃
———————————————————————— • 70

이 책의 구성

들어가기 전 체크

✅ 개념 공부를 한 후 시작하세요
✅ 학교 진도와 맞추어 진행하면 좋아요

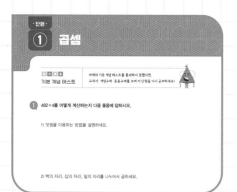

· 기본 개념 테스트

단순히 개념 관련 문제를 푸는 수준에서 그치지 않고, 하단에 넓은 공간을 두어 스스로 개념을 쓰고 정리하게 구성되어 있습니다.

TIP 답이 틀려도 교습자는 정답과 풀이의 답을 알려 주지 않습니다. 교과서와 개념교재를 보고 답을 쓰게 하세요.

· 단원별 심화

가장 자주 나오는 심화개념으로 구성했습니다. 예제는 분석-개요-풀이 3단으로 구성되어, 심화개념의 핵심이 무엇인지 바로 알 수 있게 했습니다.

TIP 시간은 넉넉히 주고, 답지의 단계별 힌트를 참고하여 조금씩 힌트만 주는 방식으로 도와주세요.

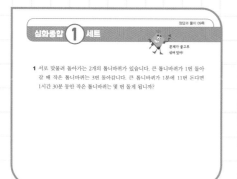

· 심화종합

단원별 심화를 푼 후, 모의고사 형식으로 구성된 심화종합 5세트를 풉니다. 앞서 배운 것들을 이리저리 섞어 종합한 문제들로, 뇌를 깨우는 '인터리빙' 방식으로 구성되어 있어요.

TIP 만약 아이가 특정 심화개념이 담긴 문제를 어려워한다면, 스스로 해당 개념이 나오는 단원을 찾아낸 후 이를 복습하게 지도하세요.

• 실력 진단 테스트

한 학기 동안 열심히 공부했으니, 이제 내 실력이 어느 정도인지 확인할 때! 테스트 결과에 따라 무엇을 어떻게 공부해야 하는지 안내해요.

TIP 처음 하는 심화는 원래 어렵습니다. 결과에 연연하기보다는 책을 모두 푼 아이를 칭찬하고 격려해 주세요.

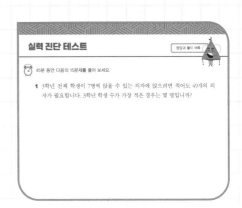

• 단계별 힌트 방식의 답지

처음부터 끝까지 풀이 과정만 적힌 일반적인 답지가 아니라, 문제를 풀 때 필요한 힌트와 개념을 단계별로 제시합니다.

TIP 1단계부터 차례대로 힌트를 주되, 힌트를 원한다고 무조건 주지 않습니다. 단계별로 1번씩은 다시 생각하라고 돌려보냅니다.

이 순서대로 공부하세요

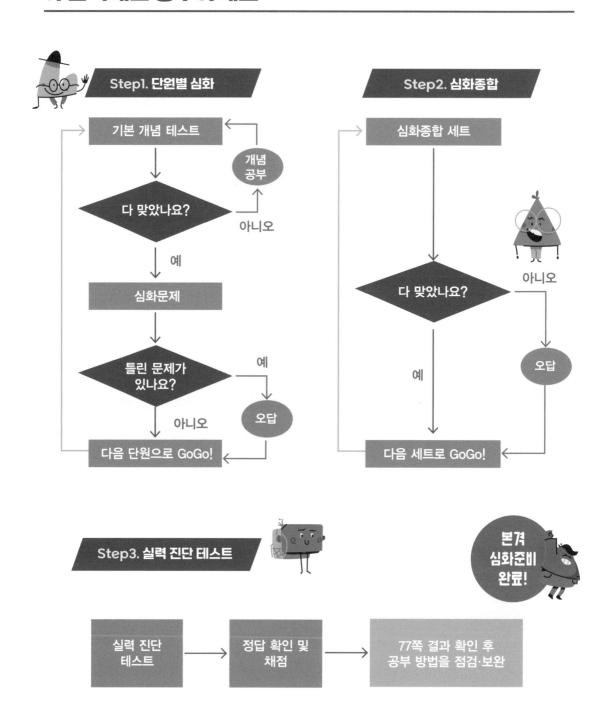

Step1. 단원별 심화

기본 개념 테스트

다 맞았나요?

아니오 → 개념 공부

예

심화문제

틀린 문제가 있나요?

예 → 오답

아니오

다음 단원으로 GoGo!

Step2. 심화종합

심화종합 세트

다 맞았나요?

아니오 → 오답

예

다음 세트로 GoGo!

Step3. 실력 진단 테스트

실력 진단 테스트 → 정답 확인 및 채점 → 77쪽 결과 확인 후 공부 방법을 점검·보완

본격 심화준비 완료!

열려라
심화

단원별 심화

곱셈

 **기본 개념 테스트** | 아래의 기본 개념 테스트를 통과하지 못했다면,
교과서·개념교재·응용교재를 보며 이 단원을 다시 공부하세요!

1 482×4를 어떻게 계산하는지 다음 물음에 답하시오.

1) 덧셈을 이용하는 방법을 설명하세요.

2) 백의 자리, 십의 자리, 일의 자리를 나누어서 곱하세요.

3) 세로셈으로 계산하고 방법을 설명하세요.

정답과 풀이 02쪽

2 37×25를 어떻게 계산하는지 다음 물음에 답하시오.

1) 십의 자리, 일의 자리를 나누어서 곱하세요.

2) 세로셈으로 계산하고 방법을 설명하세요.

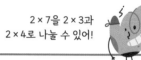
덧셈과 곱셈에서 수를 나눠서 각각 계산해도 원래 식과 값이 같습니다.

$\square \times (\bigcirc + \triangle) = \square \times \bigcirc + \square \times \triangle$, $(\bigcirc + \triangle) \times \square = \bigcirc \times \square + \triangle \times \square$

예) $257 \times 3 = (200 + 50 + 7) \times 3 = 200 \times 3 + 50 \times 3 + 7 \times 3$

$39 \times 3 = (40 - 1) \times 3 = 40 \times 3 - 1 \times 3$

예제

다음 곱셈을 분배법칙을 이용하여 다양한 방법으로 계산하시오.

1) 158×4

2) 34×27

분석

1 곱셈을 다양한 방법으로 계산할 수 있음을 생각합니다.

2 수의 곱을 백의 자리, 십의 자리, 일의 자리로 나누어서 생각해 봅니다.

풀이

1 158×4

첫 번째 방법

$158 \times 4 = (100 + 50 + 8) \times 4 = 100 \times 4 + 50 \times 4 + 8 \times 4$

$= 400 + 200 + 32 = 632$

두 번째 방법

$158 \times 4 = (160 - 2) \times 4 = 160 \times 4 - 2 \times 4 = 640 - 8 = 632$

2 34×27

첫 번째 방법

$34 \times 27 = (30 + 4) \times 27 = 30 \times 27 + 4 \times 27 = 810 + 108 = 918$

두 번째 방법

$34 \times 27 = 34 \times (30 - 3) = 34 \times 30 - 34 \times 3 = 1020 - 102 = 918$

빈칸에 들어갈 수를 차례대로 쓰시오.

1) $36 \times 5 = (30+6) \times \square = 30 \times \square + 6 \times \square = \square$

2) $38 \times 5 = (40-2) \times \square = 40 \times \square - 2 \times \square = \square$

가 2 **빈칸에 들어갈 수를 차례대로 쓰시오.**

1) $97 \times 25 = (90+7) \times \square = 90 \times \square + 7 \times \square = \square$

2) $97 \times 25 = (100-3) \times \square = 100 \times \square - 3 \times \square = \square$

분배는 곧
나눈다는 뜻이지!

곱이 가장 커지는 식

높은 자리의 곱이
커야 수가 커져!

서로 다른 네 개의 수로 (두 자리 수)×(두 자리 수) 곱셈식을 만들 때,
곱이 가장 커지는 식을 세우려면 십의 자리에서 곱해지는 수가 최대한 커야 합니다.

예제 | 서로 다른 네 개의 수 3, 4, 5, 6을 이용하여 (두 자리 수)×(두 자리 수) 곱셈식을 만들려 합니다. 계산한 값이 가장 큰 식을 만드시오.

분석

1 곱이 가장 큰 식은 십의 자리의 곱이 가장 커야 합니다.

2 곱이 크려면 십의 자리에 큰 수들이 들어가야 합니다.

3 십의 자리에서 곱해지는 수가 최대한 크려면, 일의 자리에는 수를 어떻게 배치해야 할까 생각해 봅니다.

풀이

십의 자리에 가장 큰 수가 들어가야 하므로 각각 6과 5를 집어넣습니다. 그런 다음, 십의 자리 6과 곱해지는 일의 자리에 남아 있는 수 중 더 큰 수인 4를 넣습니다. 큰 수끼리 곱해야 전체가 커지기 때문입니다.

팁

곱이 가장 커지는 식을 만들고 싶으면 알파벳 U자 모양으로 큰 수부터 집어넣습니다.

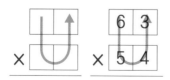

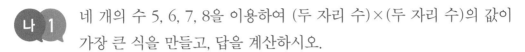

나 1 네 개의 수 5, 6, 7, 8을 이용하여 (두 자리 수)×(두 자리 수)의 값이 가장 큰 식을 만들고, 답을 계산하시오.

나 2 네 개의 수 1, 3, 5, 7을 이용하여 (두 자리 수)×(두 자리 수)의 값이 가장 큰 식을 만들고, 답을 계산하시오.

요리조리
수를 넣어 봐.

다 | 곱이 가장 작아지는 식

높은 자리의 곱이 작아야 해!

서로 다른 네 개의 수로 (두 자리 수)×(두 자리 수) 곱셈식을 만들 때,
곱이 가장 작아지는 식을 세우려면 십의 자리에서 곱해지는 수가 최대한 작아야 합니다.

예제

서로 다른 네 개의 수 3, 4, 5, 6을 이용하여 (두 자리 수)×(두 자리 수) 곱셈식을 만들려 합니다. 계산한 값이 가장 작은 식을 만드시오.

분석

1 곱이 가장 작은 식은 십의 자리의 곱이 가장 작아야 합니다.

2 곱이 작으려면 십의 자리에 작은 수들이 들어가야 합니다.

3 십의 자리에서 곱해지는 수가 최대한 작으려면, 일의 자리에는 수를 어떻게 배치해야 할까 생각해 봅니다.

풀이

십의 자리에 가장 작은 수가 들어가야 하므로 각각 3과 4를 집어넣습니다. 그런 다음, 십의 자리 4와 곱해지는 일의 자리에 남아 있는 수 중 더 작은 수인 5를 넣습니다. 3보다 더 큰 수인 4와 곱해지는 수를 작게 만들어야 전체가 작아지기 때문입니다.

$$
\begin{array}{r}
④\ 6 \\
\times\ 3\ ⑤
\end{array}
$$

팁

곱이 가장 작아지는 식을 만들고 싶으면 알파벳 N자 모양으로 작은 수부터 집어넣습니다.

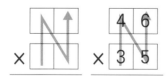

다 1 네 개의 수 2, 4, 6, 8을 이용하여 (두 자리 수)×(두 자리 수)의 값이 가장 작은 식을 만들고, 답을 계산하시오.

다 2 네 개의 수 5, 6, 7, 8을 이용하여 (두 자리 수)×(두 자리 수)의 값이 가장 작은 식을 만들고, 답을 계산하시오.

팁을 외우기 전에
원리부터 공부!

라 | 약속셈

약속셈의 핵심은
문제를 잘 읽기!

약속셈이란 새로운 약속을 이해하고, 그 약속에 맞게 주어진 문제를 푸는 것입니다.

예제

가*나=(3×나−2×가)×(가+2×나)입니다. 10*20을 계산하시오.

분석

1 새로운 연산 기호에 대한 약속을 이해해야 합니다.

2 '가'와 '나'라는 말로 약속셈을 이해하기 어려우면, '가'는 왼쪽, '나'는 오른쪽으로 생각해 봅니다.

풀이

가*나=(3×나−2×가)×(가+2×나)

→ (3×오른쪽−2×왼쪽)×(왼쪽+2×오른쪽)

10*20에서 오른쪽은 20, 왼쪽은 10 이므로

10*20=(3×오른쪽−2×왼쪽)×(왼쪽+2×오른쪽)

   =(3×20−2×10)×(10+2×20)

   =40×50=2000

$$가 * 나 = (가 + 나) \times 가$$

이 약속을 이용하여 10*20을 계산하시오.

 $$가 * 나 = (3 \times 나 + 5 \times 가) \times (2 \times 나 - 가)$$

이 약속을 이용하여 10*20을 계산하시오.

마음대로 약속셈을
만들어 봐!

마 | 일정하게 건너뛰는 수의 배열

식 세우기
연습이지!

일정하게 건너뛰는 수의 배열에서, 건너뛰는 수를 바탕으로 규칙을 찾으면 □번째 수를 쉽게 구할 수 있습니다.

예제

색종이 1장을 4조각으로 자르고, 자른 조각 중 1조각을 다시 4조각으로 자르면 모두 7장이 됩니다. 같은 방법으로 자른 조각 중 1조각을 다시 4조각으로 자르는 과정을 100번 반복하면 자른 조각은 모두 몇 장입니까?

분석

1 색종이를 반복해서 잘랐을 때 몇 조각이 되는지 구하는 문제입니다.

2 1번, 2번, 3번 자를 때마다 몇 조각씩 늘어나는지를 봅니다.

3 규칙을 찾아내면 나중에 나오는 수를 구할 수 있습니다.

개요

1조각→4조각으로 만들기.

100번 반복했을 때 나오는 모든 조각의 수?

풀이

색종이 1조각을 4조각으로 자르므로, 자를 때마다 3조각이 늘어납니다. 따라서 100번을 자르면 처음 1장에서 3조각씩 100번 늘어납니다.

처음 색종이: 1장

1번 자름: $1+3×1=4$

2번 자름: $1+3×2=7$

3번 자름: $1+3×3=10$

4번 자름: $1+3×4=13$

$\vdots$

100번 자름: $1+3×100=301$

따라서 100번 자르면 종이 조각은 301장입니다.

팁

늘어나는 개수와 순서로 식을 세웁니다.

한 번 자를 때마다 3씩 늘어나므로 □번째 조각의 개수는 3×□꼴입니다. 그런데 첫 번째 수가 4이므로 □=1일 때 4가 나와야 합니다.

따라서 □번 잘랐을 때의 조각의 개수는 3×□+1입니다.

종이를 100번 자르면 3×100+1=301(장)입니다.

마 1 1, 5, 9, 13, 17, …로 일정하게 건너뛰는 수의 배열에서 100번째 수를 구하여라.

마 2 색종이 1장을 3조각으로 자르고, 자른 조각 중 1조각을 다시 3조각으로 자르면 모두 5장이 됩니다. 같은 방법으로 자른 조각 중 1조각을 다시 3조각으로 자르는 과정을 50번 반복하면, 색종이는 모두 몇 조각이 됩니까?

헷갈리면
진짜 종이를 잘라 봐!

바 | 일정하게 건너뛰는 수들의 합

혹시 수학자
가우스를 알고 있니?

일정하게 건너뛰는 수들의 합을 쉽게 구하는 방법들을 1+3+5+7을 이용해 공부합니다.

1) (1, 3, 5, 7)과 순서를 바꾼 (7, 5, 3, 1)을 세로로 더해 봅니다.

$$
\begin{array}{r}
1 + 3 + 5 + 7 \\
+\ 7 + 5 + 3 + 1 \\
\hline
8 + 8 + 8 + 8
\end{array}
$$

즉 (1+3+5+7)+(7+5+3+1)=8+8+8+8=8×4

이는 첫 수와 끝 수를 더한 값에 수의 개수를 곱한 것과 같습니다.

그런데 (1+3+5+7)만 구하면 되므로, 8×4를 2로 나눕니다.

즉 1+3+5+7=(8+8+8+8)÷2=8×4÷2=(1+7)×4÷2=16

2) 차이가 일정하므로 1과 7의 가운뎃값인 4에 주목합니다.

1=4−3, 3=4−1, 5=4+1, 7=4+3입니다.

즉 1+3+5+7=(4−3)+(4−1)+(4+1)+(4+3)=4+4+4+4=4×4=16

이 역시 첫 수와 끝 수를 더한 값을 2로 나누고 수의 개수를 곱한 것과 같습니다.

즉 일정하게 건너뛰는 수들의 합을 구하는 공식: (첫 수+끝 수)×(수의 개수)÷2

예제	3+5+7+9+11+13+15+17의 값을 구하시오.

분석

1 단순히 수를 다 더하는 것보다 규칙을 찾는 게 편합니다.

2 일정하게 건너뛰는 수들의 합을 구하는 원리를 떠올려 봅니다.

풀이

3+5+7+9+11+13+15+17
=(3+17)×8÷2=80

1부터 100까지 전부 더한 값은 얼마입니까?

 10, 12, 14와 같이 차례로 차가 2인 세 수의 합은 가운데 수인 12의 3배입니다. (10＋12＋14＝12＋12＋12＝12×3＝36) 이와 같이 차례로 차가 2인 세 수의 합을 구했을 때, 합이 세 자리 수가 되는 세 수 중에서 가장 작은 세 수와 그 합을 구하시오.

1학기 1단원에서
비슷한 개념을 공부했지.

기본 개념 테스트

아래의 기본 개념 테스트를 통과하지 못했다면,
교과서 · 개념교재 · 응용교재를 보며 이 단원을 다시 공부하세요!

① 37÷5를 어떻게 계산하는지 다음 물음에 답하시오.

1) 세로셈으로 계산하고 방법을 설명하세요.

2) 몫과 나머지를 곱셈과 덧셈이 있는 식으로 나타내세요.

정답과 풀이 02쪽

2 853÷3을 어떻게 계산는지 다음 물음에 답하시오.

1) 세로셈으로 계산하고 방법을 설명하세요.

2) 몫과 나머지를 곱셈과 덧셈이 있는 식으로 나타내세요.

가 | 서로 다른 수로 나누어떨어지는 수 찾기

두 수로 나누어떨어지는 수는 곱셈구구를 이용하면 찾을 수 있습니다.

| 예제 | 2보다 큰 수 중, 3과 5로 나누어떨어지는 수를 구하여라. |

분석

1 서로 다른 두 수로 동시에 나누어떨어지는 수에는 어떤 규칙이 있습니다.

2 감이 오지 않는다면, 수를 하나하나 나열해 가며 규칙을 찾아봅니다.

풀이

3으로 나누어떨어지는 수: 3, 6, 9, 12, 15, 18, 21, 24, 30, …

5로 나누어떨어지는 수: 5, 10, 15, 20, 25, 30, …

이 중 겹치는 수: 15, 30, 45, 60, …

즉 3과 5로 나누어떨어지는 수는 곧 15로 나누어떨어지는 수입니다.

가 1 50부터 150까지의 수 중 5와 7로 나누어떨어지는 수를 구하여라.

가 2 50부터 150까지의 수 중 4와 9로 나누어떨어지는 수를 구하여라.

우리 지금
같이 공부하자!

나 | 서로 다른 수로 나누었을 때, 나머지가 같은 수 찾기

우선 두 수로 나누어떨어지는 수부터 찾습니다. 이를 기준으로 생각해 봅니다.

예제 | 2보다 큰 수에 대해 3과 5로 나누었을 때 나머지가 모두 1인 수를 구하여라.

분석

1 서로 다른 두 수로 동시에 나누어떨어지는 수에는 어떤 규칙이 있습니다.

2 감이 오지 않는다면, 수를 하나하나 나열해 가며 규칙을 찾아봅니다.

3 3과 5로 나누어떨어지는 15에 1을 더한 16은 3과 5로 나누었을 때 나머지가 1인 수입니다.

풀이

1 3과 5로 나누어떨어지는 수

3으로 나누어떨어지는 수: 3, 6, 9, 12, 15, 18, 21, 24, 30, …

5로 나누어떨어지는 수: 5, 10, 15, 20, 25, 30, …

이 중 겹치는 수: 15, 30, 45, 60, …

즉 3과 5로 나누어떨어지는 수는 곧 15로 나누어떨어지는 수입니다.

2 3과 5로 나누었을 때 나머지가 1인 수

3으로 나누었을 때 나머지 1인 수: 4, 7, 10, 13, 16, 19, 22, 25, 28, 31, …

5로 나누었을 때 나머지 1인 수: 6, 11, 16, 21, 26, 31, …

이 중 겹치는 수: 16, 31, 46, 61, …

즉 3과 5로 나누었을 때 나머지가 1인 수는 곧 15로 나누었을 때

나머지가 1인 수입니다.

나 1 50부터 150까지의 수 중 5와 7로 나누었을 때 나머지가 모두 1이 되는 수를 모두 구하여라.

나 2 50부터 150까지의 수 중 4와 9로 나누었을 때 나머지가 모두 3이 되는 수를 모두 구하여라.

헷갈리면…
계속 풀어보는 수밖에!

다 | 서로 다른 두 수로 나누었을 때, 나머지가 다른 수 ①

나열하다 보면 규칙이 나와.

예제

2보다 큰 수에 대해 3으로 나누었을 때 나머지가 2이고, 5로 나누었을 때 나머지가 4인 수를 구하여라.

분석

수를 하나하나 나열해 가며 규칙을 찾아봅니다.

풀이

1 3으로 나누었을 때 나머지가 2인 수: 5, 8, 11, 14, 17, 20, 23, 26, 29, …

2 5로 나누었을 때 나머지가 4인 수: 9, 14, 19, 24, 29, 34, …

3 이 중 겹치는 수: 14, 29, 44, 59, …

팁

3으로 나누었을 때 나머지가 2인 수는 3으로 나누어떨어지는 수에서 1이 부족한 수입니다.

5로 나누었을 때 나머지가 4인 수는 5로 나누어떨어지는 수에서 1이 부족한 수입니다.

즉 3과 5로 나누었을 때 1이 부족한 수는, 15로 나누었을 때 1이 부족한 수입니다.

다 1 50부터 150까지의 수 중 5로 나누면 나머지가 4이고, 7로 나누면 나머지가 6인 수를 구하여라.

다 2 5로 나누면 나머지가 1이고, 7로 나누면 나머지가 2인 두 자리 수를 구하여라.

넓은 연습장이
필요할 거야!

라 | 서로 다른 두 수로 나누었을 때, 나머지가 다른 수 ②

기준을 생각하면 복잡하지 않아.

두 수로 나누어떨어지는 수부터 찾습니다. 이를 기준으로 생각해 봅니다.

예제

3으로 나누었을 때 나머지가 1이고, 5로 나누었을 때 나머지가 2인 수를 구하여라.

분석

1 서로 다른 두 수로 나누었는데 나머지가 다른 경우, 나머지와 나누는 수를 비교해 봅니다.

2 감이 오지 않는다면, 수를 하나하나 나열해 가며 규칙을 찾아봅니다.

풀이

우선 3과 5로 나누어떨어지는 15보다 작은 수 중에서, 문제의 조건을 만족하는 수를 찾습니다.

5로 나누었을 때 나머지가 2가 되는 수: **7**, 12

3으로 나누었을 때 나머지가 1이 되는 수 : 4, **7**, 10, 13

조건을 모두 만족하는 수는 7입니다.

이렇게 찾은 7에, 3과 5로 동시에 나누어떨어지는 15를 더합니다.

그러면 항상 3으로 나누었을 때 나머지가 1이 되고, 5로 나누었을 때 나머지가 2가 됩니다.

따라서 답은 7, 22, 37, 52, …

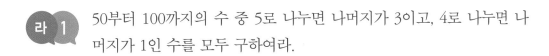 50부터 100까지의 수 중 5로 나누면 나머지가 3이고, 4로 나누면 나머지가 1인 수를 모두 구하여라.

라 2 50부터 100까지의 수 중 3으로 나누면 나머지가 1이고, 7로 나누면 나머지가 3인 두 자리 수를 모두 구하여라.

나머지는 항상
몫보다 작아!

예제

다음 조건을 만족하는 가장 작은 수를 구하여라.

> ㉮ 7로 나누면 나누어떨어집니다.
>
> ㉯ 5로 나누면 나머지가 2입니다.
>
> ㉰ 일의 자리 숫자와 십의 자리 숫자가 같습니다.

분석

1 7과 5로 나누므로, 7과 5로 동시에 나누어떨어지는 35를 기준으로 생각합니다.

2 35보다 작은 수 중 7로 나누면 나누어떨어지고 5로 나누면 나머지가 2인 수를 찾아냅니다.

3 이렇게 찾은 수에 7과 5로 나누어떨어지는 35를 계속 더해 가면, 아무리 수가 커져도 ㉮와
㉯를 만족합니다. 편하게 계산하기 위해 식을 세워 봅니다.

풀이

5와 7로 동시에 나누어떨어지는 수는 35입니다.

따라서 35보다 작은 수 중 ㉮와 ㉯를 동시에 만족하는 수를 찾아봅니다.

㉮ 7로 나누면 나누어떨어지는 수: **7**, 14, 21, 28

㉯ 5로 나누면 나머지가 2인 수: **7**, 12, 17, 22, 27, 32

찾아낸 7에 35를 계속 더해 가면 아무리 커져도 ㉮와 ㉯를 항상 만족합니다. 이를 식으로
쓰면 다음과 같습니다.

(어떤 수)=35×□+7

□에 1부터 차례로 넣어 계산하여 ㉰를 만족하는 수를 찾아봅니다.

35×1+7=42, 35×2+7=77

모든 조건을 만족하는 수는 77입니다.

마 1 다음 조건을 만족하는 가장 큰 두 자리 수를 구하여라.

> ㉮ 3으로 나누면 나누어떨어집니다.
>
> ㉯ 5로 나누면 나머지가 1입니다.
>
> ㉰ 일의 자리 숫자와 십의 자리 숫자가 3만큼 차이 납니다.

마 2 다음 조건을 만족하는 가장 큰 두 자리 수를 구하여라.

> ㉮ 3과 7로 나누어떨어집니다.
>
> ㉯ 2로 나누면 나머지가 1입니다.
>
> ㉰ 일의 자리 숫자와 십의 자리 숫자를 합하면 9입니다.

아자아자
파이팅!

④ 분수

➕ ➖ ✖ ➗

기본 개념 테스트

아래의 기본 개념 테스트를 통과하지 못했다면,
교과서 · 개념교재 · 응용교재를 보며 이 단원을 다시 공부하세요!

① 귤 6개를 2개씩 똑같이 나누고, 두 부분은 전체의 얼마인지 분수로 설명하세요.

② 15cm의 종이 띠를 3cm씩 똑같이 나누고, 세 부분은 전체의 얼마인지 분수로 설명하세요.

③ 병아리 12마리가 있습니다. 이 중 4분의 1은 몇 마리입니까?

정답과 풀이 03쪽

4 진분수, 가분수, 대분수의 뜻을 설명하세요.

5 분모가 서로 같은 분수는 어떻게 크기를 비교할까요? 예를 들어 설명하세요.

가 | 어떤 수의 $\frac{\triangle}{\square}$ 구하기

분자를 1로 만들면
계산이 쉬워지지!

어떤 수의 $\frac{\triangle}{\square}$ 는 $\frac{1}{\square}$ 을 △번 더한 것과 같습니다.

예제

서하가 동화책을 읽고 있습니다. 첫째 날은 전체의 $\frac{1}{3}$ 을 읽고,
둘째 날은 나머지의 $\frac{2}{5}$ 를 읽었더니 48쪽이 남았습니다.
전체 동화책은 몇 쪽인가요?

분석

1 어떤 수의 $\frac{\triangle}{\square}$ 의 값이 주어졌을 때 어떤 수를 구하는 문제입니다.

2 전체 동화책이 아닌 남은 동화책 48쪽에서 시작해 거꾸로 풀어야 합니다.

3 어떤 수의 $\frac{1}{\square}$ 을 먼저 구해 봅니다.

4 $\frac{\triangle}{\square} = \frac{1}{\square} \times \triangle$ 입니다.

개요

전체에서 $\frac{1}{3}$ 을 읽고 → 나머지의 $\frac{2}{5}$ 를 읽었더니 → 48쪽이 남음.
동화책은 몇 쪽?

풀이

남은 것부터 시작해 거꾸로 계산합니다.
둘째 날, 나머지의 $\frac{2}{5}$ 를 읽었더니 48쪽이 남았습니다.
즉 나머지의 $\frac{3}{5}$ =48(쪽)
따라서 나머지의 $\frac{1}{5}$ =48÷3=16(쪽)
따라서 나머지=나머지의 $\frac{5}{5}$ =16×5=80(쪽)

첫째 날, 전체의 $\frac{1}{3}$ 을 읽었더니, 나머지 80쪽이 남았습니다.
즉 전체의 $\frac{2}{3}$ =80(쪽)
따라서 전체의 $\frac{1}{3}$ =80÷2=40(쪽)
따라서 전체=전체의 $\frac{3}{3}$ =40×3=120(쪽)

가 1 대환이가 300쪽짜리 동화책을 읽고 있습니다. 첫째 날은 전체의 $\frac{2}{3}$를 읽고, 둘째 날은 나머지의 $\frac{3}{5}$을 읽었습니다. 대환이가 아직 읽지 못한 동화책은 몇 쪽입니까?

가 2 연제가 동화책을 읽고 있습니다. 첫째 날은 전체의 $\frac{2}{3}$를 읽고, 둘째 날은 나머지의 $\frac{3}{5}$을 읽었더니, 60쪽이 남았습니다. 동화책은 전체 몇 쪽입니까?

거꾸로 계산하니깐
간단하지?

⑤ 들이와 무게

◆ ▬ ▨ ✚ 기본 개념 테스트

아래의 기본 개념 테스트를 통과하지 못했다면,
교과서 · 개념교재 · 응용교재를 보며 이 단원을 다시 공부하세요!

1 들이의 단위에는 어떤 것들이 있나요? 그 관계는 어떠한가요?

2 우유 3L 700mL가 들어 있는 통에 14L 500mL를 더 부으면, 통 속 우유는 총 몇 L 몇 mL입니까? 계산 과정을 쓰고 설명하세요.

3 물 3000mL가 담긴 물통에서 2L 100mL만큼 퍼내면, 남은 물은 몇 L 몇 mL입니까? 계산 과정을 쓰고 설명하세요.

정답과 풀이 03쪽

4 무게의 단위에는 어떤 것들이 있나요? 그 관계는 어떠한가요?

5 하나에 200g짜리 사과를 바구니에 7개 담았습니다. 바구니 속 사과는 총 몇 kg 몇 g 입니까? 계산 과정을 쓰고 설명하세요.

6 몸무게 6000kg인 코끼리와 몸무게 5t인 코끼리 중 더 무거운 코끼리는 어느 쪽이며, 얼마나 더 무겁습니까? 계산 과정을 쓰고 설명하세요.

가 | 서로 다른 물건 3개를 비교하기

비교하는 물건의 수가 많다면, 공통으로 비교되는 물건을 기준으로 수를 맞춰 가며 비교합니다.

예제 감 3개와 사과 2개의 무게가 같고, 사과 3개와 배 4개의 무게가 같습니다. 감 1개의 무게가 100g일 때, 배 12개의 무게를 구하여라.

분석 **1** 서로 다른 3개의 과일과 과일을 2개씩 비교한 무게가 주어졌습니다.

2 3개의 과일 사이 무게의 관계를 구하려면 공통으로 비교하는 '사과'에 주목합니다.

3 사과를 중심으로 감의 무게, 사과의 무게, 배의 무게를 동시에 비교해 봅니다.

개요 감 3개=사과 2개, 사과 3개=배 4개, 감 1개=100g

배 12개의 무게?

풀이 사과의 개수를 동일하게 맞춰서 과일 3개를 동시에 비교합니다.

감 3개=사과 2개, 사과 3개=배 4개

→감 9개=사과 6개, 사과 6개=배 8개

→감 9개=사과 6개=배 8개

→감 9개=배 8개

감 1개가 100g이므로 감 9개=900(g)입니다.

배 8개의 무게가 감 9개의 무게인 900g과 같으므로,

배 4개의 무게는 900÷2=450(g)입니다.

따라서 배 12개의 무게는 450×3=1350(g)입니다.

정답과 풀이 08쪽

가 1 색연필 5개는 연필 4개와 무게가 같고, 연필 2개는 샤프 1개와 무게가 같습니다. 샤프 1개의 무게가 120g일 때 색연필 1개의 무게는 몇 g입니까?

가 2 사과 3개는 배 2개의 무게와 같고, 배 3개는 감 4개의 무게와 같습니다. 사과 1개의 무게가 400g일 때, 감 1개의 무게는 얼마입니까?

공통되는 물건을
찾아봐.

나 | 口, ○, △이 나오는 문제

口, ○, △ 중 하나만
남기고 다 없앤다면?

3개 이상의 모양이 동시에 나오는 식이 등장하면, 공통으로 나오는 모양을 기준으로 수를 맞춰 가며 비교합니다.

예제
□=2×△+400, △=○+600, □=4×○+200을 만족하는 □, ○, △를 구하시오.

분석
1 여러 가지 기호가 들어간 문제입니다.
2 등식의 성질을 이용하여 동일한 모양을 기준으로 식을 정리합니다.
3 하나의 모양으로 표현되는 식을 만들어 갑니다.
4 그것을 이용하여 다른 모양의 값을 찾습니다.

풀이
□=2×△+400이고 □=4×○+200입니다.
따라서 □=2×△+400=4×○+200이고,
따라서 2×△+400=4×○+200입니다.

△=○+600이라는 식이 이미 주어졌습니다.
따라서 △를 기준으로 식을 정리해 봅니다.

2×△+400=4×○+200이므로 양변을 2로 나누면
△+200=2×○+100입니다.
→ △+100+100=2×○+100
→ △+100=2×○
문제에서 △=○+600이므로 양변에 백을 더하면
△+100=○+600+100
△+100=2×○, △+100=○+700이므로

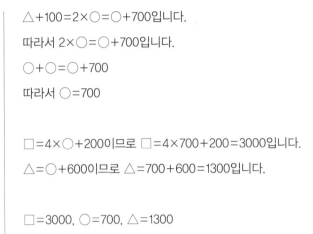

$\triangle$+100=2×○=○+700입니다.

따라서 2×○=○+700입니다.

○+○=○+700

따라서 ○=700

□=4×○+200이므로 □=4×700+200=3000입니다.

$\triangle$=○+600이므로 $\triangle$=700+600=1300입니다.

□=3000, ○=700, $\triangle$=1300

나 1 수박 1개, 배 1개, 사과 1개의 무게를 모두 더하면 600g입니다. 수박 1개와 배 1개의 무게를 더하면 400g입니다. 수박은 배보다 200g 무겁습니다. 수박, 배, 사과 1개의 무게를 각각 구하시오.

나 2 수박 1개는 배 2개를 합한 것보다 200g 무겁습니다. 배 1개는 사과 1개의 무게보다 300g 무겁습니다. 수박 1개는 사과 4개를 합한 것보다 100g 더 무겁습니다. 수박, 배, 사과 1개의 무게를 각각 구하시오.

알고 보면
원리는 간단해!

심화종합

1 서로 맞물려 돌아가는 2개의 톱니바퀴가 있습니다. 큰 톱니바퀴가 1번 돌아갈 때 작은 톱니바퀴는 3번 돌아갑니다. 큰 톱니바퀴가 1분에 11번 돈다면 1시간 30분 동안 작은 톱니바퀴는 몇 번 돌게 됩니까?

2 똑같은 정사각형 5개를 그림과 같이 5cm씩 겹치도록 붙여서 직사각형을 만들었습니다. 직사각형의 가로가 65cm가 되었습니다. 정사각형의 한 변의 길이는 몇 cm입니까?

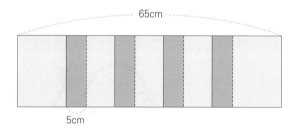

3 다음 그림에서 원의 중심을 꼭짓점으로 하는 삼각형 ㄱㄴㄷ의 세 변의 길이
의 합이 65cm일 때, 세 원의 반지름의 합은 몇 cm입니까?

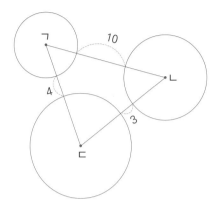

4 인쇄를 할 때 사용하는 용지의 종류는 가장 큰 B0 용지를 반으로 접은 횟수
에 따라 결정됩니다. 예를 들어 B4 용지는 B0 용지를 반으로 4번 접었을 때
나오는 종이입니다. 다음과 같이 B0 용지를 선을 따라 잘랐을 때 B5 용지는
B1 용지의 몇 분의 몇인지 구하시오.

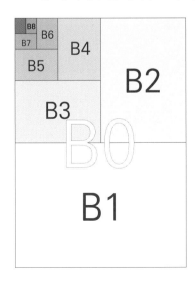

심화종합 1 세트

5 별빛마을과 달빛마을의 나이대별 자동차를 갖고 있는 사람의 수를 조사하여 나타낸 그림그래프입니다. 다음 중 바르게 설명한 것을 찾아 기호를 쓰시오.

별빛마을에서 자동차를 가진 사람 수	
나이	사람 수
20대	●
30대	●●●○○
40대	●●●○○○
50대	●●●○
60대 이상	●●○○○

달빛마을에서 자동차를 가진 사람 수	
나이	사람 수
20대	●●●●●
30대	●●●○○○
40대	●●●○
50대	●○
60대 이상	●○○○

● : 100명
○ : 10명

㉠ 자동차를 가진 사람의 수는 별빛마을보다 달빛마을에 더 많습니다.

㉡ 별빛마을에서 자동차를 가진 20대의 수는 달빛마을의 $\frac{1}{5}$입니다.

㉢ 자동차를 가진 30대와 40대 수의 합은 별빛마을보다 달빛마을이 더 많습니다.

㉣ 각 나이대별 자동차를 가진 사람의 수는 별빛마을이 달빛마을보다 더 많습니다.

6 정환이는 양 5마리와 소 7마리를 기르고 있습니다. 양과 소가 먹는 먹이의 양은 다음과 같습니다.

> 양 2마리와 소 3마리가 하루에 먹는 먹이의 양은 40kg입니다.
> 양 3마리와 소 2마리가 하루에 먹는 먹이의 양은 30kg입니다.

정환이는 일주일 동안 소와 양이 먹을 먹이를 배달업체에 주문하려 합니다. 주문해야 하는 먹이의 양은 몇 kg입니까?

7 경호는 가지고 있던 할인쿠폰의 $\frac{1}{6}$을 재환이에게 주고, 재환이에게 주고 남은 할인쿠폰의 $\frac{4}{5}$를 희재에게 주었더니 12장이 남았습니다. 경호가 처음에 가지고 있던 할인쿠폰은 모두 몇 장입니까?

정말 수고했어!

심화종합 ②세트

이렇게 보니깐 색다른걸?

1 몸무게가 200kg 사람이 다이어트를 하기로 결심했습니다. 현재 이 사람의 몸무게의 $\frac{4}{5}$는 지방입니다. 만약 다이어트에 성공한다면 몸무게의 $\frac{1}{5}$이 지방일 것입니다. 다이어트에 성공한다면 이 사람의 몸무게는 몇 kg이 될까요? (단, 다이어트를 하면 오로지 지방만 줄어듭니다.)

2 가로 36cm, 세로 20cm인 직사각형의 둘레에 지름이 4cm인 원을 겹치지 않게 이어 붙이려고 합니다. 직사각형을 둘러싸는 원의 개수는 총 몇 개입니까?

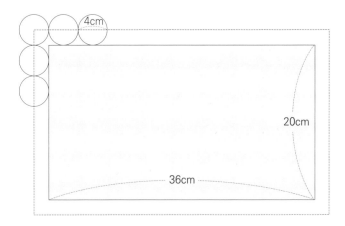

3 1부터 250까지의 자연수 중에 2, 5, 7 중 어느 수로도 나누어떨어지지 않는 수는 모두 몇 개인지 구하시오.

4 열심초등학교 3학년 모든 반의 학생들은 남학생 17명, 여학생 22명으로 이루어져 있습니다. 3학년 전체 학생은 남학생이 210명보다 적었고 여학생은 250명보다 많았습니다. 열심초등학교 3학년은 총 몇 개의 반으로 구성되어 있습니까?

심화종합 2 세트

5 다혜는 반 아이들을 대상으로 좋아하는 색깔을 조사해 그림그래프로 나타냈습니다. 1가지 색깔을 좋아하는 학생은 4명, 2가지 색깔을 좋아하는 학생은 8명, 3가지 색깔을 좋아하는 학생은 10명, 4가지 색깔을 모두 좋아하는 학생은 5명입니다. 초록색을 좋아하는 학생은 몇 명인지 구하시오.

색깔	학생 수
노랑	●●●○
빨강	●●○○○
파랑	●●●
초록	?

●: 5명
○: 1명

6 ㉠, ㉡, ㉢ 3개의 물통이 있습니다. ㉠에는 물이 3L 500mL만큼 들어 있습니다. 한편 ㉡에는 ㉢보다는 700mL만큼 더 많이 들어 있고, ㉠보다는 700mL가 더 적게 들어 있습니다. 3개의 물통 중 물이 가장 적게 들어 있는 물통의 들이는 몇 L 몇 mL입니까?

7 ㉠ 편의점에 있는 모든 음료수 개수의 $\frac{4}{5}$와 ㉡ 편의점에 있는 모든 음료수 개수의 $\frac{1}{4}$이 같습니다. 두 편의점에 있는 음료수 개수의 차는 440개입니다. 두 편의점에 있는 음료수의 개수는 합해서 모두 몇 개입니까?

다음 세트로
Go! Go!

심화종합 **3** 세트

잘 모르겠으면, 앞의 단원으로 돌아가서 복습!

1 종이 1장을 6조각으로 자르고, 자른 조각 중 1조각을 다시 6조각으로 자르면 조각은 모두 11개가 됩니다. 같은 방법으로 자른 조각 중 1조각을 다시 6조 각으로 자르는 과정을 111번 반복하면 자른 조각은 모두 몇 개입니까?

2 어떤 수에서 73을 뺀 다음 3으로 나누면 나누어떨어집니다. 그렇게 계산하여 나온 몫을 9번 더하면 117입니다. 어떤 수를 구하시오.

3 다음 그림과 같이 원의 중심이 한 직선 위에 있고, 반지름의 길이가 1cm씩 길어지며, 오른쪽의 큰 원이 왼쪽의 작은 원의 중심을 지나도록 원 5개를 그렸습니다.

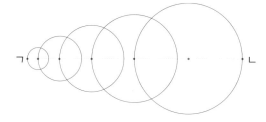

1) 가장 작은 원의 반지름이 1cm입니다. 이때 선분 ㄱㄴ의 길이를 구하시오.

2) 이와 같은 방법으로 가장 작은 원의 반지름의 길이가 3cm이고, 반지름의 길이가 2cm씩 길어지는 원 10개를 그렸다면 원의 중심을 지나는 선분의 양끝점 사이의 길이를 구하시오.

4 시헌이 가지고 있는 사탕의 $\frac{1}{12}$은 딸기맛, $\frac{3}{12}$은 포도맛, $\frac{8}{12}$은 레몬맛입니다. 레몬맛 사탕이 64개일 때, 딸기맛 사탕과 포도맛 사탕은 각각 몇 개입니까?

심화종합 ③ 세트

5 1병에 300mL인 음료수가 있습니다. 음료수를 다 마신 빈 병 5개를 가게에 가져가면 새 음료수 1병으로 바꿔 줍니다. 민식이가 음료수 45병을 살 수 있는 돈으로 마실 수 있는 음료수는 최대 몇 L 몇 mL입니까?

6 길이가 6m인 막대 2개를 겹쳐 놓았습니다. 겹친 부분의 길이가 전체 막대 길이의 $\frac{1}{11}$ 일 때, 전체 길이는 몇 m입니까?

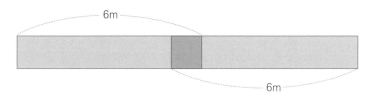

7 초원에 한 변의 길이가 91m인 정사각형 모양의 젖소 농장을 만들려고 합니다. 7m 간격으로 말뚝을 박고, 말뚝과 말뚝 사이는 철망으로 연결합니다. 철망에는 종을 1개씩 답니다. 정사각형의 네 꼭짓점에도 말뚝을 박는다고 할 때, 필요한 말뚝의 개수와 종의 개수는 각각 몇 개인지 구하시오.

이제 절반
지났어!

심화종합 **4** 세트

오답 노트를
만들어 봐.

1 일정하게 건너뛰는 3개 수의 합은 가운데 수의 3배와 같다는 규칙이 있습니다.
예를 들어 $100+110+120=110+110+110=110\times3=330$입니다.
그렇다면 $100+110+120+130+140$과 같이 10씩 늘어나는 5개 수의 합에
대하여 다음 물음에 답하시오.

1) 10씩 늘어나는 5개 수의 합의 규칙을 찾으시오.

2) 10씩 늘어나는 5개 수의 합이 처음으로 네 자리 수가 되는 5개 수 중 가장 작은 수를 구하시오.

2 다음 조건을 만족하는 두 자리 수를 구하시오.

> ㉠ 14로 나누면 나누어떨어지는 수입니다.
>
> ㉡ 8로 나누면 2가 남습니다.
>
> ㉢ 일의 자리 숫자가 십의 자리 숫자보다 1 작습니다.

3 다음 그림과 같이 똑같은 모양의 종이 4장을 이어 붙였습니다. 선분 ㄱㄴ은 각 원의 중심을 지나는 선분입니다. 선분 ㄱㄴ의 길이가 53cm일 때, 도넛 모양을 이루고 있는 종이의 작은 원과 큰 원의 반지름을 각각 구하시오.

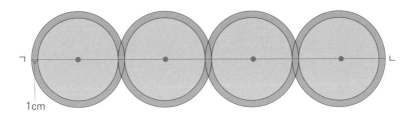

1cm

4 서하는 소설책을 읽고 있습니다. 첫째 날은 전체의 $\frac{1}{4}$을 읽고, 둘째 날은 나머지의 $\frac{2}{5}$를 읽었더니 90쪽이 남았습니다. 소설책은 전체 몇 쪽입니까?

심화종합 **4** 세트

5 수박 1개의 무게는 배 12개의 무게와 같고, 배 9개의 무게는 사과 21개의 무게와 같습니다. 수박 3개의 무게는 배 15개와 사과 몇 개의 무게의 합과 같습니까?

6 8로 나누면 나머지가 6이 되고, 11로 나누면 나머지가 9가 되는 두 자리 수를 구하시오.

7 어떤 규칙에 따라 분수를 늘어놓았습니다. 52번째에 놓일 분수를 구하시오.

$$\frac{1}{6} \quad \frac{2}{6} \quad \frac{3}{6} \quad \frac{4}{6} \quad \frac{5}{6} \quad 1\frac{1}{6} \quad 1\frac{2}{6} \quad 1\frac{3}{6} \quad 1\frac{4}{6} \quad 1\frac{5}{6} \quad 2\frac{1}{6} \quad \cdots\cdots$$

고지에 거의
다 왔어!

이제 조금
알 것 같지?

1 준완이와 경태가 가위바위보 게임을 했습니다. 1번 가위바위보를 할 때마다 이기면 15점을 얻고, 지면 5점을 잃습니다. 준완이는 12번 이겼고, 경태의 최종 점수는 135점입니다. 두 사람은 가위바위보를 몇 번 했습니까? (단, 비기는 경우는 없습니다.)

2 운동장에 있는 학생들을 한 줄에 7명씩 세우면 3명이 남고, 한 줄에 8명씩 세우면 2명이 남습니다. 운동장에 있는 학생이 60명보다 많고 90명보다 적다고 한다면 모두 몇 명입니까?

3 반지름의 길이가 1cm인 원을 서로 중심을 지나도록 겹치게 그리고, 원의 중심을 연결하여 직사각형을 그렸습니다. 왼쪽 직사각형은 가로에 원이 4개, 세로에 원이 3개이고, 두 번째 직사각형은 가로에 원이 5개, 세로에 원이 4개입니다. 이런 식으로 가로와 세로에 원이 하나씩 늘어날 때, 7번째에 그려진 직사각형의 둘레는 몇 cm입니까?

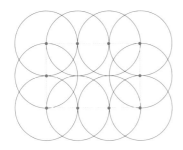 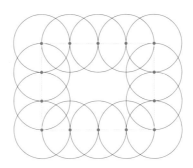

4 새우 과자 1봉지의 무게는 몇 g입니까? (단, 봉지의 무게는 생각하지 않습니다.)

> (감자 과자 1봉지) = (고구마 과자 2봉지) + 120g
>
> (고구마 과자 1봉지) = (새우 과자 1봉지) + 80g
>
> (감자 과자 1봉지) = (새우 과자 4봉지) + 160g

5 공을 3개, 4개, 5개씩 담을 수 있는 세 종류의 상자가 있습니다. 공 1234개를 이 상자에 모두 나누어 담으려고 합니다. 세 종류의 상자를 1개씩은 반드시 사용하고 상자 수는 가장 적게 하여 공을 담으려면 필요한 상자는 모두 몇 개입니까? (단, 공은 상자에 주어진 개수만큼 담아야 합니다.)

6 직사각형 안에 그림과 같이 반지름의 길이가 3cm인 원이 그려져 있습니다. 직사각형의 가로의 길이가 38cm일 때, 원을 모두 몇 개 그릴 수 있습니까?

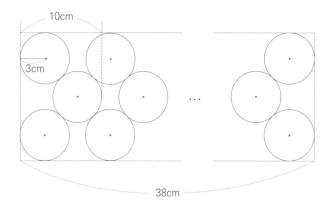

7 다음 가분수들을 대분수로 쓰려 합니다. 분자가 4인 대분수는 모두 몇 개인 지 구하시오.

$$\frac{6}{6}, \ \frac{7}{6}, \ \frac{8}{6}, \ \frac{9}{6}, \ \frac{10}{6} \ \cdots, \ \frac{100}{6}$$

여기까지 온
네가 자랑스러워!

실력 진단
테스트

 45분 동안 다음의 15문제를 풀어 보세요.

1 3학년 전체 학생이 7명씩 앉을 수 있는 의자에 앉으려면 적어도 49개의 의자가 필요합니다. 3학년 학생 수가 가장 적은 경우는 몇 명입니까?

2 성민이가 1시간에 180km를 달리는 자동차를 타고 할머니 댁에 갑니다. 집에 두고 온 물건이 생각나 처음 출발한 지 1시간 30분 만에 다시 집으로 돌아왔습니다. 다시 출발하여 6시간 20분 후에 할머니 댁에 도착하였습니다. 성민이네 집에서 할머니 댁까지 가는 데 이동한 거리는 총 몇 km입니까? (단, 자동차의 빠르기는 항상 일정하며 물건을 챙기는 시간은 생각하지 않습니다.)

3 길이가 42m인 통나무 3개를 모두 18도막이 되게 똑같이 나누려고 합니다. 통나무를 1번 자르는 데 6분이 걸리고, 1번 자른 후에 잠깐 쉽니다. 모두 자르는 데 1시간 44분이 걸렸다면 1번 자른 후에 쉬는 시간은 몇 분입니까?

4 어느 가게에 달걀이 58판 있습니다. 달걀 1판은 30개입니다. 주인은 달걀을 20개씩 묶어 1봉지씩 팔았습니다. 총 40봉지를 팔았다면, 남은 달걀은 몇 개입니까?

5 다음과 같이 수를 일정한 규칙에 따라 늘어놓았습니다. 167번째에 놓이는 수는 무엇입니까?

> 1 2 3 4 5 6 7 6 5 4 3 2 1 1 2 3 4 5 6 7 6 5 4 3 2 1 …

6 수를 넣으면 계산해 주는 상자가 있습니다. 이 상자 안에 24, 57, 69를 넣었을 때 어떤 수가 나옵니까? ㉠, ㉡, ㉢에 알맞은 수를 써 넣으시오.

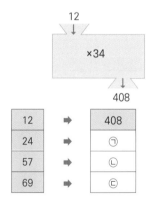

12	➡	408
24	➡	㉠
57	➡	㉡
69	➡	㉢

7 수영이는 하루에 동화책을 34쪽, 위인전을 26쪽씩 매일 읽었습니다. 2주일 동안 수영이가 읽은 책은 모두 몇 쪽입니까?

8 100, 122, 144와 같이 차가 22로 일정한 세 수의 합은 $100 + 122 + 144 = 122 \times 3 = 366$과 같이 계산할 수 있습니다. 이와 같이 차례로 차가 22인 세 수의 합을 구했을 때, 합이 네 자리 수인 식은 모두 몇 개입니까?

9 두 자리 수 '□2'는 6으로 나누어떨어집니다. □ 안에 들어갈 수 있는 수를
모두 구하시오.

10 다음의 세로셈에 알맞은 숫자를 써 넣어 식을 완성하시오.

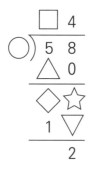

11 길이가 96m인 도로 양쪽에 처음부터 끝까지 똑같은 간격으로 가로등을 세웠습니다. 가로등을 모두 18개 세웠을 때, 가로등과 가로등 사이의 거리는 몇 m입니까? (단, 가로등의 굵기는 생각하지 않습니다.)

12 다음 중 값이 다른 하나는 어느 것입니까?

① 40의 $\frac{1}{8}$	② 30의 $\frac{1}{6}$	③ 35의 $\frac{1}{7}$	④ 15의 $\frac{1}{5}$	⑤ 20의 $\frac{1}{4}$

13 분모가 17인 어떤 가분수의 분자를 분모로 나누면 몫은 5이고, 나머지는 나올 수 있는 나머지 중 가장 큰 수입니다. 이 가분수를 구하시오.

14 □ 안에 알맞은 수를 써 넣으시오.

$$
\begin{array}{rrr}
 & 4L & 500mL \\
+ & 1L & 800mL \\
\hline
 & 5L & 1300mL \\
 & \blacksquare L \leftarrow & \blacksquare mL \\
\hline
 & \blacksquare L & \blacksquare mL \\
\end{array}
$$

15 무게를 재는 단위로 근과 관이 있습니다. 고기 1근은 600g이고, 채소 1관은 4kg입니다. 민정이네 가족이 삼겹살을 먹으려고 합니다. 민정이네 가족은 할머니, 어머니, 아버지, 민정이, 민재, 연정이 6명입니다. 삼겹살 1인분은 200g이고, 6인분의 삼겹살과 6kg의 쌈 채소를 준비했습니다.

1) 삼겹살이 몇 근인지 계산하시오.

2) 채소가 몇 관인지 계산하시오.

실력 진단 결과
· 정답과 풀이 21쪽 참고

채점을 한 후, 다음과 같이 점수를 계산합니다.

(내 점수)=(맞은 개수)×6+10(점)

내 점수: _____ 점

점수에 따라 무엇을 하면 좋을까요?

90점~100점: 틀린 문제만 오답하세요.

80점~90점: 틀린 문제를 오답하고, 여기에 해당하는 개념을 찾아 복습하세요.

70점~80점: 이 책을 한 번 더 풀어 보세요.

60점~70점: 개념부터 차근차근 다시 공부하세요.

50점~60점: 개념부터 차근차근 공부하고, 재밌는 책을 읽는 시간을 많이 가져 보세요.

지은이 류승재

고려대학교 수학과를 졸업했습니다. 25년째 수학을 가르치고 있습니다. 최상위권부터 최하위권까지, 재수생부터 초등부까지 다양한 성적과 연령대의 아이들에게 수학을 가르쳤습니다. 교과 수학뿐만 아니라 사고력 수학·경시 수학·SAT·AP·수리논술까지 다양한 분야의 수학을 다루었습니다.

수학 공부의 바이블로 인정받는《수학 잘하는 아이는 이렇게 공부합니다》를 썼고, 더 체계적이고 구체적인 초등 수학 공부법을 공유하기 위해《초등수학 심화 공부법》을 썼습니다. 유튜브 채널「공부머리 수학법」과 강연, 칼럼 기고 등 다양한 활동을 통해 수학 잘하기 위한 공부법을 나누고 있습니다.

유튜브 「공부머리 수학법」
네이버카페 「공부머리 수학법」
책을 읽고 궁금한 내용은 네이버카페에 남겨 주세요.

초판 1쇄 발행 2022년 8월 15일
초판 2쇄 발행 2022년 9월 22일

지은이 류승재

펴낸이 金昇芝
편집 김도영 노현주
디자인 별을잡는그물 양미정

펴낸곳 블루무스에듀
전화 070-4062-1908
팩스 02-6280-1908
주소 경기도 파주시 경의로 1114 에펠타워 406호
출판등록 제2022-000085호
이메일 bluemoosebooks@naver.com
인스타그램 @bluemoose_books

ⓒ 류승재 2022

ISBN 979-11-91426-53-3 (63410)

생각의 힘을 기르는 진짜 공부를 추구하는 블루무스에듀는 블루무스 출판사의 어린이 학습 브랜드입니다.

· 저작권법에 의해 보호를 받는 저작물이므로 무단 전재와 복제를 금합니다.
· 이 책의 일부 또는 전부를 이용하려면 저작권자와 블루무스의 동의를 얻어야 합니다.
· 책값은 뒤표지에 있습니다. 잘못된 책은 구입하신 곳에서 바꾸어 드립니다.

열려라 심화

초등수학

3-2

정답과 풀이

기본 개념 테스트

1단원 곱셈

•10쪽~11쪽

> **채점 전 지도 가이드**
> 기본적인 연산 규칙만 정확히 알면 되는 단원입니다. 이 단원은 나중에 도형의 넓이 개념과도 밀접하게 연결되니 정확히 익히게 합니다. 기본 개념 테스트를 풀며 파악해야 할 것은, 아이가 세로셈 알고리즘을 수행할 때 자릿값의 개념을 제대로 알고 있는 지 여부입니다. 특히 (두 자리 수)×(두 자리 수) 연산에서 자릿값을 혼동하는 경우가 많습니다. 따라서 세로셈을 수행할 때 무슨 수와 무슨 수를 곱했는지 옆에 적게 하는 연습이 도움이 됩니다.

1.

1) 482를 4번 더하면 1928입니다.
이를 식으로 쓰면 다음과 같습니다.
$482 + 482 + 482 + 482 = 1928$

2) $482 = 400 + 80 + 2$
$400 \times 4 = 1600$
$80 \times 4 = 320$
$2 \times 4 = 8$

$1600 + 320 + 8 = 1928$

3) $\begin{array}{r} 482 \\ \times \quad 4 \\ \hline \end{array}$

$8 \quad \rightarrow 2 \times 4 = 8$
$320 \quad \rightarrow 80 \times 4 = 320$
$1600 \quad \rightarrow 400 \times 4 = 1600$

$1928 \quad \rightarrow 8 + 320 + 1600 = 1928$

2.

1) 37은 30과 7로, 25는 20과 5로 나누어 각각 곱해 줍니다. 그러면 다음과 같은 네 가지 식이 나옵니다.
$30 \times 20 = 600$
$30 \times 5 = 150$
$20 \times 7 = 140$
$7 \times 5 = 35$

$37 \times 25 = 600 + 150 + 140 + 35 = 925$

2) $\begin{array}{r} 37 \\ \times \quad 25 \\ \hline \end{array}$

$35 \quad \rightarrow 7 \times 5 = 35$
$150 \quad \rightarrow 30 \times 5 = 150$
$140 \quad \rightarrow 7 \times 20 = 140$
$600 \quad \rightarrow 30 \times 20 = 600$

$925 \quad \rightarrow 35 + 150 + 140 + 600$

2단원 나눗셈

•24쪽~25쪽

> **채점 전 지도 가이드**
> 이 단원에서 어려움을 겪는 아이들이 많습니다. 1학기 때 배운 나눗셈보다 자리 수가 높아졌기 때문입니다. 다른 연산과 달리 높은 자리 수부터 계산해야 해서 잘되지 않고, 동시에 연산을 위한 어림의 난도가 높아져서 실패를 하곤 합니다. 어림은 한두 번 해 본다고 쉽게 되는 작업이 아니므로, 만약 어림이 되지 않아 문제를 잘 풀지 못하면 과감하게 다시 개념교재와 교과서로 돌아갑니다. 수월한 어림을 위해서는 곱셈과 나눗셈의 역연산이 익숙하게 되어야 합니다.

1.

1) $\begin{array}{r} 7 \\ 5 \overline{)\ 37} \\ 35 \\ \hline 2 \end{array}$

2) 나누는 수와 몫의 곱에 나머지를 더하면 나누어지는 수가 되어야 합니다. 따라서 $37 \div 5$의 몫과 나머지를 곱셈과 덧셈식으로 나타내면 다음과 같습니다.
$37 \div 5 = 7 \cdots 2 \rightarrow 37 = 5 \times 7 + 2$

2.

1) $\begin{array}{r} 284 \\ 3 \overline{)\ 853} \\ 6 \\ \hline 253 \\ 24 \\ \hline 13 \\ 12 \\ \hline 1 \end{array}$

2) 나누는 수와 몫의 곱에 나머지를 더하면 나누어지는 수가
되어야 합니다. 따라서 853÷3의 몫과 나머지를 곱셈과
덧셈식으로 나타내면 다음과 같습니다.

853÷3=284…1 → 853=284×3+1

4단원 분수

•36쪽~37쪽

채점 전 지도 가이드

1학기 때 하지 않았던, "5개 중 3개가 $\frac{3}{5}$이야."라는 식으로
설명해도 됩니다. 다만 이를 파악하는 건 쉽지 않은 일입니
다. 똑같은 양일지라도 등분할을 하는 방법에 따라 표현되는
분수가 달라지는 걸 바로 알기란 어렵습니다. 초등 3학년에서
가장 중요하고 아이들이 어려워하는 단원인 만큼, 조금이라도
헷갈리면 다시 교과서와 개념교재를 공부하게 해야 합니다.
1~3번 문제는 머릿속으로만 하기엔 다소 어렵습니다. 이
문제들을 풀 때는 직접 그림을 그리거나, 실제 물건을 나누
어 보면서 연산하는 것이 좋습니다.

1.

귤 6개를 2개씩 똑같이 나누면 그림과 같이 3부분으로 나누
어집니다.

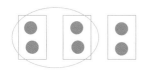

두 부분은 전체를 똑같이 3부분으로 나눈 것 중의 2입니다.
이를 분수로 나타내면 $\frac{2}{3}$입니다.

2.

15cm를 3cm씩 나누면 5부분이 됩니다.
15cm의 $\frac{1}{5}$은 전체를 5부분으로 나눈 것 중의 1부분으로,
3cm입니다.
9cm는 15cm 전체를 5부분으로 나눈 것 중의 3부분으로,
15cm의 $\frac{3}{5}$입니다.

3.

병아리 12마리의 $\frac{1}{4}$은 전체를 4부분으로 나눈 것 중의 1부
분이므로 3마리입니다.

4.

진분수는 $\frac{1}{4}$, $\frac{2}{4}$, $\frac{3}{4}$과 같이 분자가 분모보다 작은 분수입니다.
가분수는 $\frac{4}{4}$, $\frac{5}{4}$와 같이 분자가 분모와 같거나 분모보다 큰 분
수입니다.
대분수는 $1\frac{1}{2}$과 같이 자연수와 진분수로 이루어진 분수입니다.

5.

분모가 같은 분수는 분자가 클수록 큽니다. 예를 들어 $\frac{7}{5}$이
$\frac{3}{5}$보다 큽니다. 만약 대분수라면 크기를 바로 비교하기 어려
우므로 가분수로 고쳐 봅니다. 예를 들어 $\frac{7}{5}$과 $1\frac{1}{5}$은 바로
비교가 어려우므로 $1\frac{1}{5}$을 가분수로 고쳐 봅니다. $1\frac{1}{5}=\frac{6}{5}$이
므로 $\frac{7}{5}$보다 작습니다.

5단원 들이와 무게

•40쪽~41쪽

채점 전 지도 가이드

실생활과 관련된 단원이기에 상대적으로 쉬운 단원입니다.
정확한 뜻과 상호 관계만 알면 됩니다. 다만 암기하지 않으
면 안 되기에, 기본 개념 테스트 문제로 제대로 암기했는지
점검합니다.

1.

들이의 단위는 리터와 밀리리터 등이 있습니다.
1리터는 1L, 1밀리리터는 1mL라고 씁니다.
1리터는 1000밀리리터와 같습니다.

2.

리터는 리터끼리, 밀리리터는 밀리리터끼리 더합니다.
1000mL가 넘으면 리터로 받아올림합니다.

3L+14L=17L
700mL+500mL=1200mL=1L 200mL

17L+1L+200mL=18L 200mL

3.

리터는 리터끼리, 밀리리터는 밀리리터끼리 뺍니다. 밀리리터에서 뺄 것이 없으면 리터에서 받아내림하거나, 단위를 똑같이 맞춥니다.

2L = 2000mL이므로 식을 세우면 다음과 같습니다.

3000mL − 2000mL − 100mL = 900mL

4.

무게의 단위는 킬로그램, 그램, 톤이 있습니다. 1킬로그램은 1kg, 1그램은 1g, 1톤은 1t이라고 씁니다.

1킬로그램은 1000그램과 같습니다. 즉 1kg = 1000g

1톤은 1000킬로그램과 같습니다. 즉 1t = 1000kg

5.

200g짜리 사과를 7개 담았으므로 무게는 200g × 7 = 1400g입니다. 1000g = 1kg이므로, 1400g = 1kg 400g입니다.

6.

1000kg = 1t이므로, 6000kg = 6t입니다. 6t이 5t보다 더 무거우므로, 몸무게 6000kg인 코끼리가 더 무겁습니다.

단원별 심화개념

1단원 곱셈

•12쪽~23쪽

> **가1.** 1) 5, 5, 5, 180   2) 5, 5, 5, 190
> **가2.** 1) 25, 25, 25, 2425   2) 25, 25, 25, 2425
> **나1.** 85×76, 6460   **나2.** 71×53, 3763
> **다1.** 48×26, 1248   **다2.** 68×57, 3876
> **라1.** 300   **라2.** 3300   **마1.** 397   **마2.** 101장
> **바1.** 5050   **바2.** 32, 34, 36(합: 102)

가1.

1) $36 \times 5 = (30+6) \times \boxed{5} = 30 \times \boxed{5} + 6 \times \boxed{5} = \boxed{180}$

2) $38 \times 5 = (40-2) \times \boxed{5} = 40 \times \boxed{5} - 2 \times \boxed{5} = \boxed{190}$

가2.

1) $97 \times 25 = (90+7) \times \boxed{25} = 90 \times \boxed{25} + 7 \times \boxed{25} = \boxed{2425}$

2) $97 \times 25 = (100-3) \times \boxed{25} = 100 \times \boxed{25} - 3 \times \boxed{25} = \boxed{2425}$

나1. ──────────── 단계별 힌트

1단계	예제 풀이를 복습합니다.
2단계	"십의 자리에서 곱해지는 수가 최대한 크려면, 십의 자리에 수를 어떻게 넣어야 하지?"
3단계	"십의 자리에서 곱해지는 수가 최대한 크려면, 일의 자리에는 수를 어떻게 넣어야 할까?"

십의 자리에 각각 가장 큰 수인 8과 7을 넣고, 남은 5와 6 중 더 큰 수인 6이 8과 곱해지게 자리를 잡습니다.

$$\begin{array}{r} \boxed{8}\,\boxed{5} \\ \times\ \boxed{7}\,\boxed{6} \\ \hline 6\,4\,6\,0 \end{array}$$

나2. ──────────── 단계별 힌트

1단계	예제 풀이를 복습합니다.
2단계	"십의 자리에서 곱해지는 수가 최대한 크려면, 십의 자리에 수를 어떻게 넣어야 할까?"
3단계	"십의 자리에서 곱해지는 수가 최대한 크려면, 일의 자리에는 수를 어떻게 넣어야 할까?"

십의 자리에 각각 가장 큰 수인 7과 5를 넣고, 남은 3과 1 중 더 큰 수인 3이 7과 곱해지게 자리를 잡습니다.

$$\begin{array}{r} \boxed{7}\,\boxed{1} \\ \times\ \boxed{5}\,\boxed{3} \\ \hline 3\,7\,6\,3 \end{array}$$

다1. ──────────── 단계별 힌트

1단계	예제 풀이를 복습합니다.
2단계	"십의 자리에서 곱해지는 수가 가장 작으려면, 십의 자리에 수를 어떻게 넣어야 할까?"
3단계	"십의 자리에서 곱해지는 수가 가장 작으려면, 일의 자리에는 수를 어떻게 넣어야 할까?"

십의 자리에 각각 가장 작은 수인 2와 4를 넣습니다. 4와 곱해지는 수가 작아야 하므로, 남은 6과 8 중 더 작은 수인 6이 4와 곱해지게 자리를 잡습니다.

$$\begin{array}{r} \boxed{4}\,\boxed{8} \\ \times\ \boxed{2}\,\boxed{6} \\ \hline 1\,2\,4\,8 \end{array}$$

다2. 　　　　　　　　　　　　　　　　　　　**단계별 힌트**

1단계	예제 풀이를 복습합니다.
2단계	"십의 자리에서 곱해지는 수가 가장 작으려면, 십의 자리에 수를 어떻게 넣어야 하지?"
3단계	"십의 자리에서 곱해지는 수가 가장 작으려면, 일의 자리에는 수를 어떻게 넣어야 할까?"

십의 자리에 각각 가장 작은 수인 5와 6을 넣습니다. 6과 곱해지는 수가 작아야 하므로, 남은 7과 8 중 7이 6과 곱해지게 자리를 잡습니다.

$$\begin{array}{r} \boxed{6}\,\boxed{8} \\ \times\ \boxed{5}\,\boxed{7} \\ \hline 3876 \end{array}$$

라1.

1단계	예제 풀이를 복습합니다.
2단계	'가'를 왼쪽, '나'를 오른쪽으로 생각합니다.
3단계	어려운 '가' '나' 대신, 왼쪽과 오른쪽을 사용해 약속셈을 다시 써 봅니다.

가*나=(가+나)×가=(왼쪽+오른쪽)×왼쪽
10*20=(10+20)×10=300

라2. 　　　　　　　　　　　　　　　　　　　**단계별 힌트**

1단계	예제 풀이를 복습합니다.
2단계	'가'를 왼쪽, '나'를 오른쪽으로 생각합니다.
3단계	어려운 '가' '나' 대신, 왼쪽과 오른쪽을 사용해 약속셈을 다시 써 봅니다.

가*나=(3×나+5×가)×(2×나−가)=(3×오른쪽+5×왼쪽)×(2×오른쪽−왼쪽)
10*20=(3×20+5×10)×(2×20−10)=110×30=3300

마1. 　　　　　　　　　　　　　　　　　　　**단계별 힌트**

1단계	예제 풀이를 복습합니다.
2단계	"주어진 수들은 몇 씩 늘어나지?"
3단계	"첫 번째 수에 얼마를 더하면 100번째 수가 나올까?"

4씩 늘어나므로 첫 번째 수를 기준으로 4를 더해 가며 규칙을 찾아봅니다.
첫 번째 수=1

두 번째 수=1+4×1=5
세 번째 수=1+4×2=9
네 번째 수=1+4×3=13
　　　⋮
100번째 수=1+4×99=397

> **다른 풀이**
>
> 주어진 수가 4씩 건너뛰므로 □번째 수는 2×□꼴입니다. 그런데 첫 번째 수가 1이므로, □=1일 때 1이 나와야 합니다.
> □번째 수=4×□−3
> 100번째 수=4×100−3=397

마2. 　　　　　　　　　　　　　　　　　　　**단계별 힌트**

1단계	예제 풀이를 복습합니다.
2단계	"1번 자를 때마다 몇 조각이 늘어나지?"
3단계	"50번 반복하면 2장이 몇 번 늘어날까?"

1조각이 3조각으로 늘어나므로, 1번 자를 때마다 색종이가 2장씩 늘어납니다.
처음 색종이: 1장
1번 자름: 1+2×1=3
2번 자름: 1+2×2=5
3번 자름: 1+2×3=7
4번 자름: 1+2×4=9
　　　⋮
50번 자름: 1+2×50=101(장)

> **다른 풀이**
>
> 1번 자를 때마다 생기는 색종이 조각의 개수 :
> 3, 5, 7, 9, …
> 2씩 늘어나므로 □번째 조각의 개수는 2×□꼴입니다. 그런데 첫 번째 수가 3이므로 □=1일 때
> 3이 나와야 합니다.
> □번 자름: 2×□+1
> 50번 자름: 2×50+1=101(장)

바1. 　　　　　　　　　　　　　　　　　　　**단계별 힌트**

1단계	예제 풀이를 복습합니다.
2단계	하나하나 계산하지 말고 규칙을 찾아봅니다.
3단계	순서를 바꿔서 더해 봅니다.

$$+ \begin{array}{c} 1 + 2 + 3 + \cdots\cdots + 99 + 100 \\ 100 + 99 + 98 + \cdots\cdots + 2 + 1 \end{array}$$
$$101 + 101 + 101 + \cdots\cdots + 101 + 101$$

1부터 100까지 쓰고, 그 아래에 100부터 1까지 거꾸로 쓴 다음 위아래를 더합니다. 그러면 101이 100개 나옵니다. 그런데 101을 100개 곱하면 1부터 100까지 두 번 더한 것과 같습니다. 따라서 이것을 2로 나눕니다.
$$1 + 2 + 3 + \cdots + 100 = (1 + 100) \times 100 \div 2 = 5050$$

바2. _____ 단계별 힌트

1단계	세 자리 수 중 가장 작은 수는 100 근처에 있습니다.
2단계	가운데 수를 □라고 놓고 문제를 풀어 봅니다.
3단계	어떤 수에 3을 곱해 가며 풀어 봅니다.

가운데 수의 3배가 세 수의 합과 같으므로, 가운데 수를 □라고 놓고 식을 세워 봅니다.
(세 수의 합) = □ × 3
이 결과가 세 자리 수가 되어야 합니다.
$3 \times 33 = 99$
$3 \times 34 = 102$
$3 \times 35 = 105$
$\vdots$
$3 \times 333 = 999$
$3 \times 334 = 1002$
따라서 □ = 34, 35, ⋯, 333입니다.
이 중 가장 작은 □는 34이므로 세 수는 (32, 34, 36)입니다.
세 수의 합은 $32 + 34 + 36 = 3 \times 34 = 102$입니다.

2단원 나눗셈 · 26쪽 ~ 35쪽

가1. 70, 105, 140	가2. 72, 108, 144
나1. 71, 106, 141	나2. 75, 111, 147
다1. 69, 104, 139	다2. 16, 51, 86
라1. 53, 73, 93	라2. 52, 73, 94
마1. 96	마2. 63

가1. _____ 단계별 힌트

1단계	예제 풀이를 복습합니다.
2단계	5와 7로 동시에 나누어떨어지는 수를 적어 봅니다.

3단계	"5로 나누어떨어지는 수와 7로 나누어떨어지는 수의 공통점이 뭐야?"

5로 나누어떨어지는 수: 50, 55, 60, 65, 70, 75, 80, 85, 90, 95, 100, 105, ⋯, 140, 145, 150
7로 떨어지는 수: 56, 63, 70, 77, 84, 91, 98, 105, 112, 119, 126, 133, 140, 147
이 중 겹치는 수: 70, 105, 140
5와 7로 나누어떨어지는 수는 곧 35로 나누어떨어지는 수입니다.

가2. _____ 단계별 힌트

1단계	예제 풀이를 복습합니다.
2단계	4와 9로 동시에 나누어떨어지는 수를 적어 봅니다.
3단계	"4로 나누어떨어지는 수와 9로 나누어떨어지는 수의 공통점이 뭐야?"

4로 나누어떨어지는 수: 52, 56, 60, 64, 68, 72, 76, ⋯, 144, 148
9로 나누어떨어지는 수: 54, 63, 72, 81, 90, ⋯, 135, 144
이 중 겹치는 수: 72, 108, 144
살펴보면 모두 36으로 나누어떨어지는 수임을 알 수 있습니다.

나1. _____ 단계별 힌트

1단계	예제 풀이를 복습합니다.
2단계	5와 7로 동시에 나누어떨어지는 수를 적어 봅니다.
3단계	"나누어떨어지는 수에 얼마를 더하거나 빼야, 그 수를 나누었을 때 1이 남을까?"

5와 7로 나누어떨어지는 수에 1을 더하면 항상 나머지가 1입니다.
5로 나누었을 때 나머지가 1인 수: 51, 56, 61, 66, 71, 76, ⋯, 106, ⋯, 141, 146
7로 나누었을 때 나머지가 1인 수: 57, 64, 71, 78, 85, ⋯, 106, ⋯, 141, 148
이 중 겹치는 수: 71, 106, 141

나2. _____ 단계별 힌트

1단계	예제 풀이를 복습합니다.
2단계	4와 9로 동시에 나누어떨어지는 수를 적어 봅니다.
3단계	"나누어떨어지는 수에 얼마를 더하거나 빼야, 그 수를 나누었을 때 3이 남을까?"

4와 9로 동시에 나누어떨어지는 수에 3을 더하면, 4와 9로 나누었을 때 항상 나머지가 3입니다.

4로 나누었을 때 나머지가 3인 수: 55, 59, 63, 67, 71, 75, 79, …, 147

9로 나누었을 때 나머지가 3인 수: 57, 66, 75, 84, 93, …, 138, 147

이 중 겹치는 수: 75, 111, 147

다1. _____ 단계별 힌트

1단계	예제 풀이를 복습합니다.
2단계	5로 나누면 나머지가 4인 수, 7로 나누면 나머지가 6인 수를 적어 봅니다.
3단계	5로 나누었을 때 나머지가 4이면, 5로 나누어떨어지는 수에서 1이 부족한 수입니다.
	7로 나누었을 때 나머지가 6이면, 7로 나누어떨어지는 수에서 1이 부족한 수입니다.

5로 나누었을 때 나머지가 4인 수:
54, 59, 64, 69, 74, …, 104, …, 139, 144, 149
7로 나누었을 때 나머지가 6인 수:
55, 62, 69, 76, …, 104, …, 139, 146
이 중 겹치는 수: 69, 104, 139

다른 풀이

5로 나누면 나머지가 4인 수는 5로 나누어떨어지는 수에서 1이 부족한 수, 7로 나누면 나머지가 6인 수는 7로 나누어떨어지는 수에서 1이 부족한 수입니다.
따라서 5와 7로 나누어떨어지는 수에서 1을 빼면 됩니다.
70−1=69, 105−1=104, 140−1=139

다2. _____ 단계별 힌트

1단계	예제 풀이를 복습합니다.
2단계	5와 7로 동시에 나누어떨어지는 수를 이용합니다.
3단계	"35보다 작은 수 중에 7로 나누면 나머지가 2, 5로 나누면 나머지가 1인 수를 찾아볼까?"

7과 5로 동시에 나누어떨어지는 수 중에서 가장 작은 수는 35입니다.
35보다 작은 수 중 7로 나누면 나머지가 2인 수: 2, 9, 16, 23, 30
2, 9, 16, 23, 30 중에서 5로 나누면 나머지가 1인 수: 16
16에 35를 더해 가며 조건을 만족하는 모든 두 자리 수를 구하면 16, 51, 86입니다.

라1. _____ 단계별 힌트

1단계	예제 풀이를 복습합니다.
2단계	5와 4로 동시에 나누어떨어지는 수를 적어 봅니다.
3단계	"나누어떨어지는 수에 얼마를 더하거나 빼야 조건을 만족할까?"

5와 4로 동시에 나누어떨어지는 20보다 작은 수 중에서, 문제의 조건을 만족하는 수를 찾습니다.
5로 나누었을 때 나머지가 3인 수: 8, 13, 18
4로 나누었을 때 나머지가 1인 수: 5, 9, 13, 17
이렇게 찾은 13에, 4와 5로 동시에 나누어떨어지는 20을 더합니다. 그러면 항상 5로 나누면 3이 남고, 4로 나누면 1이 남습니다.
따라서 답은 53, 73, 93입니다.

라2. _____ 단계별 힌트

1단계	예제 풀이를 복습합니다.
2단계	3과 7로 동시에 나누어떨어지는 수를 적어 봅니다.
3단계	"나누어떨어지는 수에 얼마를 더하거나 빼야 조건을 만족할까?"

3과 7로 동시에 나누어떨어지는 21보다 작은 수 중에서, 문제의 조건을 만족하는 수를 찾습니다.
3으로 나누었을 때 나머지가 1인 수: 4, 7, 10, 13, 16, 19
7로 나누었을 때 나머지가 3인 수: 10, 17
이렇게 찾은 10에, 3과 7로 동시에 나누어떨어지는 21을 더합니다. 그러면 항상 3으로 나누면 1이 남고, 7로 나누면 3이 남습니다.
50부터 100 사이에서 조건을 만족하는 수는 52, 73, 94입니다.

마1. _____ 단계별 힌트

1단계	예제 풀이를 복습합니다.
2단계	3으로 나누면 나누어떨어지고 5로 나누면 나머지가 1인 수를 어떻게 구합니까?
3단계	"찾은 수에 얼마를 더해 가면 조건에 맞는 수를 찾을까?"

3과 5로 동시에 나누어떨어지는 15보다 작은 수 중에서, 문제의 조건을 만족하는 수를 찾습니다.
3으로 나누어떨어지는 수: 3, 6, 9, 12, 15
5로 나누었을 때 나머지가 1인 수: 6, 11
이렇게 찾은 6에, 3과 5로 동시에 나누어떨어지는 15를 더합니다. 그러면 항상 3으로 나누어떨어지고, 5로 나누면 1이 남습니다. 이를 식으로 쓰면 다음과 같습니다.

어떤 수: $15 \times \square + 6$

조건을 만족하는 두 자리 수는 21, 36, 51, 66, 81, 96입니다. 이 중 ㉯를 만족하는 수는 36, 96입니다. 둘 중 큰 수는 96입니다.

마2. _____ 단계별 힌트

1단계	예제 풀이를 복습합니다.
2단계	3과 7로 나누어떨어지는 수부터 구합니다.
3단계	2로 나누면 나머지가 1인 수는 어떤 수입니까?

1) 3과 7로 나누어떨어지는 수는 21입니다. 따라서 21에 21을 계속 더해 가면 3과 7로 동시에 나누어떨어지는 수가 나옵니다. 3과 7로 나누어떨어지는 두 자리 수: 21, 42, 63, 84

2) 1)에서 구한 수 중, 2로 나누었을 때 나머지가 1인 수를 찾습니다. 21과 63입니다.
   ※2로 나누어떨어지지 않는 수는 홀수입니다. 굳이 직접 계산하지 않아도 됩니다.

3) 21과 63 중 ㉯를 만족하는 수는 63입니다.

4단원 분수
•38쪽~39쪽

가1. 40쪽	가2. 450쪽

가1. _____ 단계별 힌트

1단계	어떤 수의 $\frac{\triangle}{\square}$ 는 $\frac{1}{\square}$ 을 $\triangle$ 만큼 더한 것과 같습니다.
2단계	첫째 날의 나머지는 몇 쪽입니까?
3단계	둘째 날 읽은 쪽수는 첫째 날의 나머지에서 어떻게 구할 수 있을까요?

1) 첫째 날 읽은 쪽수와 나머지부터 구해 봅니다.
   첫째 날은 300쪽의 $\frac{2}{3}$ 를 읽었으므로
   300쪽의 $\frac{2}{3} = 300 \times \frac{2}{3} = 200$(쪽)입니다.
   따라서 첫째 날의 나머지는 $300 - 200 = 100$(쪽)입니다.

2) 둘째 날 읽은 쪽수와 나머지를 구해 봅니다.
   둘째 날은 남은 100쪽의 $\frac{3}{5}$ 을 읽었으므로
   100쪽의 $\frac{3}{5} = 100 \times \frac{3}{5} = 60$(쪽)입니다.
   따라서 둘째 날의 나머지는 $100 - 60 = 40$(쪽)입니다.
   다 못 읽은 동화책은 40쪽입니다.

가2. _____ 단계별 힌트

1단계	예제 풀이를 복습합니다.
2단계	둘째 날 남은 60쪽을 이용하여 첫째 날의 나머지를 구해 봅니다.
3단계	첫째 날의 나머지를 구했다면, 이걸 이용하여 전체 쪽을 구해 봅니다.

1) 나머지의 $\frac{3}{5}$ 을 읽었더니 60쪽이 남았으므로 나머지의 $\frac{2}{5} = 60$(쪽)입니다.
   → 나머지의 $\frac{1}{5} = 60 \div 2 = 30$(쪽)
   → 나머지 $=$ 나머지의 $\frac{5}{5} = 30 \times 5 = 150$(쪽)

2) 동화책의 $\frac{2}{3}$ 를 읽었더니 나머지 150쪽이 남았습니다.
   즉 전체의 $\frac{1}{3} = 150$(쪽)입니다.
   → 전체 $=$ 전체의 $\frac{3}{3} = 150 \times 3 = 450$(쪽)
   동화책은 450쪽입니다.

5단원 들이와 무게
•42쪽~45쪽

가1. 48g	가2. 450g
나1. 수박 300g, 배 100g, 사과 200g	
나2. 수박 1500g, 배 650g, 사과 350g	

가1. _____ 단계별 힌트

1단계	예제 풀이를 복습합니다.
2단계	"공통으로 비교하는 물건이 뭐야?"
3단계	각 조건에서 연필의 개수를 동일하게 맞춰서 3개를 동시에 비교해 봅니다.

연필을 기준으로 물건의 개수를 맞춰 3개를 동시에 비교해 봅니다.
색연필 5개=연필 4개, 연필 2개=샤프 1개이므로
색연필 5개=연필 4개, 연필 4개=샤프 2개입니다.
→ 색연필 5개=연필 4개=샤프 2개
→ 색연필 5개=샤프 2개
샤프 1개=120(g)이므로 샤프 2개=240(g)입니다.
따라서 색연필 5개=샤프 2개=240(g)이므로
색연필 1개=$240 \div 5 = 48$(g)입니다.

가2.

단계별 힌트

1단계	예제 풀이를 복습합니다.
2단계	공통으로 비교하는 물건을 찾습니다.
3단계	배의 개수를 동일하게 맞춰서 3개를 동시에 비교합니다.

배의 개수를 동일하게 맞춰서 3개를 동시에 비교해 봅니다.
사과 3개＝배 2개, 배 3개＝감 4개이므로
사과 9개＝배 6개, 배 6개＝감 8개입니다.
→ 사과 9개＝배 6개＝감 8개
→ 사과 9개＝감 8개
사과 1개＝400(g)이므로 사과 9개＝3600(g)입니다.
따라서 감 8개＝사과 9개＝3600(g)이므로
감 1개＝3600÷8＝450(g)입니다.

나1.

단계별 힌트

1단계	예제 풀이를 복습합니다.
2단계	등식의 성질을 이용하여 동일한 모양을 만들어 봅니다.
3단계	사과의 무게를 구하기 위해서는 사과로만 표현되는 식을 만들어야 합니다.

문제에 표현된 내용으로 식을 세우면 다음과 같습니다.
수박＋배＋사과＝600, 수박＋배＝400, 수박＝배＋200

1) 사과의 무게 구하기(사과로 표현되는 식 만들기)
   수박＋배＋사과＝600입니다.
   그런데 수박＋배＝400입니다.
   즉 (수박＋배)＋사과＝600
   → (400)＋사과＝600
   → 400＋사과＝400＋200
   → 사과＝200(g)입니다.

2) 배의 무게 구하기(배로 표현되는 식 만들기)
   수박＋배＝400입니다.
   그런데 수박＝배＋200입니다.
   즉 (수박)＋배＝400
   → (배＋200)＋배＝400
   → 배×2＋200＝400
   → 배×2＋200＝200＋200
   → 배×2＝200
   → 배＝100(g)입니다.

3) 배를 이용해 수박의 무게 구하기
   수박＝배＋200이고 배는 100입니다.
   따라서 수박＝100＋200＝300(g)

나2.

단계별 힌트

1단계	예제 풀이를 복습합니다.
2단계	등식의 성질을 이용해 사과와 배에 대한 식을 만들어 봅니다.
3단계	사과로만 표현되는 식을 만들어야 합니다.

문제에 표현된 내용으로 식을 세우면 다음과 같습니다.
수박＝배×2＋200, 배＝사과＋300, 수박＝사과×4＋100

1) 등식의 성질을 이용해 사과와 배에 대한 식을 만들어 봅니다.
   수박＝배×2＋200, 수박＝사과×4＋100
   → 수박＝배×2＋200＝사과×4＋100
   → 배×2＋200＝사과×4＋100
   → 배＋100＝사과×2＋50(양변을 2로 나눔)

2) 사과로 표현되는 식을 만들어 봅니다.
   배＝사과＋300
   → 배＋100＝사과＋300＋100
   → 배＋100＝사과＋400
   그런데 배＋100＝사과×2＋50입니다.
   즉 배＋100＝사과×2＋50＝사과＋400
   → 사과×2＋50＝사과＋400
   → 사과＋사과＋50＝사과＋400
   → 사과＋50＝400
   사과＝350(g)입니다.

3) 사과의 무게를 가지고 다른 과일의 무게를 구합니다.
   배＋100＝사과＋400
   → 배＝650(g)
   수박＝사과×4＋100
   → 수박＝1500(g)＝1.5(kg)

심화종합

①세트

· 48쪽~51쪽

1. 2970번   2. 17cm   3. 24cm   4. $\frac{1}{16}$
5. ㉡   6. 658kg   7. 72장

1

단계별 힌트

1단계	큰 톱니바퀴보다 작은 톱니바퀴는 몇 배 많이 돕니까?
2단계	큰 톱니바퀴가 11번 돌 때, 작은 톱니바퀴는 몇 번 돕니까?

3단계	1시간 30분을 분으로 고치면 몇 분입니까?

큰 톱니바퀴가 돌아가는 수를 이용해 작은 톱니바퀴가
1분 동안 도는 횟수를 구해 봅니다.
작은 톱니바퀴가 돌아가는 횟수는 큰 톱니바퀴의 3배입니다.
따라서 큰 톱니바퀴가 1분에 11번 돌면 작은 톱니바퀴는
1분에 $11 \times 3 = 33$(번) 돕니다.
한편 1시간 30분은 90분이므로 작은 톱니바퀴가 90분 동안
도는 횟수는 $33 \times 90 = 2970$(번)입니다.

2 _____ 단계별 힌트

1단계	정사각형이 5개고, 겹쳐진 부분이 4군데입니다.
2단계	겹쳐진 부분을 고려해 전체 길이를 어떻게 구합니까?
3단계	정사각형 한 변의 길이를 □cm라고 놓고 식을 만들어 봅니다.

직사각형의 가로의 길이가 65cm입니다. 이를 이용하여
정사각형의 한 변의 길이를 구해 봅니다.
겹쳐진 곳이 4군데이므로 겹쳐진 부분의 길이는
$5 \times 4 = 20$(cm)입니다.
정사각형의 한 변의 길이를 □cm라고 하면
$□ \times 5 - 20 = 65$이고, $□ \times 5 = 85$입니다.
따라서 $□ = 85 \div 5 = 17$
정사각형의 한 변의 길이는 17cm입니다.

3 _____ 단계별 힌트

1단계	반지름의 길이는 어디서 재도 항상 같습니다.
2단계	문제 속 삼각형의 세 변이 어떻게 구성되어 있습니까?

주어진 원과 삼각형을 잘 살펴봅니다. 그러면 삼각형의 둘
레가 각 원의 반지름을 2번씩 지난다는 것을 알 수 있습니
다. 각 반지름을 2번씩 지나고 남은 길이가 10cm, 4cm,
3cm입니다. 따라서 각 원의 반지름을 2번씩 더한 길이에
10cm, 4cm, 3cm를 더하면 삼각형의 세 변의 길이가 나
옵니다. 이제 삼각형의 둘레에 대해 식을 세워 봅니다.
점 ㄱ을 중심으로 하는 원을 가, 점 ㄴ을 중심으로 하는 원을
나, 점 ㄷ을 중심으로 하는 원을 다라고 하면 삼각형의 둘레
의 길이를 구하는 식은 다음과 같습니다.
(가의 반지름)$\times 2 +$(나의 반지름)$\times 2 +$(다의 반지름)$\times 2 + 3 +$
$4 + 10 = 65$
$\rightarrow$ {(가의 반지름)$+$(나의 반지름)$+$(다의 반지름)}$\times 2 + 17$
$= 48 + 17$
따라서 (가의 반지름)$+$(나의 반지름)$+$(다의 반지름)

$= 48 \div 2 = 24$(cm)입니다.

4 _____ 단계별 힌트

1단계	B5 용지가 B4 용지에 몇 개 들어갑니까?
2단계	B5 용지가 B3 용지에 몇 개 들어갑니까?
3단계	B5 용지가 B2 용지에 몇 개 들어갑니까?

B5 용지가 몇 개 모여야 B1 용지가 되는지 알아봅니다.
B5 용지를 2개 더하면 B4 용지가 되고, B4 용지(=B5 용
지 2개)를 2개 더하면 B3 용지가 됩니다. 따라서 B3 용지
는 B5 용지 4개입니다. 같은 방법으로 B3 용지(=B5 용지
4개) 2개가 모이면 B2 용지가 되고, B2 용지(=B5 용지 8
개) 2개를 더하면 B1 용지가 됩니다.
B5 용지 16개가 모이면 B1 용지를 만들 수 있으므로,
B5 용지는 B1 용지의 $\frac{1}{16}$입니다.

> **다른 풀이**
>
> 앞의 풀이를 식으로 적으면 다음과 같습니다.
> B1 용지$=$B2 용지$\times 2 =$B3 용지$\times 2 \times 2$
> $=$B4 용지$\times 2 \times 2 \times 2 =$B5 용지$\times 2 \times 2 \times 2 \times 2$
> $=$B5 용지$\times 16$

5 _____ 단계별 힌트

1단계	●는 100명, ○는 10명임을 알고 이를 이용해 사람 수를 편리하게 세어 봅니다.

㉠ 자동차를 가진 사람의 수를 세어 봅니다. 별빛마을은 검정
동그라미가 12개, 흰 동그라미가 9개므로 1290명이고,
달빛마을은 검정 동그라미가 12개, 흰 동그라미가 9개이
므로 1290명입니다. 따라서 자동차를 가진 사람의 수는
두 마을이 똑같습니다. 따라서 틀린 설명입니다.
㉡ 20대의 경우 별빛마을은 검정 동그라미 1개, 달빛마을은
검정 동그라미가 5개입니다. 따라서 맞는 설명입니다.
㉢ 별빛마을에서 자동차를 가진 30대와 40대의 수는
$600 + 50 = 650$, 달빛마을에서 자동차를 가진 30대와
40대의 수는 $500 + 40 = 540$입니다. 따라서 틀린 설명
입니다.
㉣ 각 연령을 비교해 보면, 20대와 30대는 달빛마을이 많
고, 30대·40대·50대·60대 이상은 별빛마을이 많습니
다. 따라서 틀린 설명입니다.
바른 설명은 ㉡입니다.

6

단계별 힌트

1단계	(양 2마리)+(소 3마리)=40, (양 3마리)+(소 2마리)=30을 이용하여 간단한 식을 만들어 봅니다.
2단계	(양 1마리)+(소 1마리)가 하루 동안 먹는 무게를 구해 봅니다.
3단계	(양 5마리)+(소 7마리)가 하루 동안 먹는 무게를 구하는 식은 어떻게 세웁니까?

주어진 조건을 식으로 세워 봅니다.
(양 2마리)+(소 3마리)=40, (양 3마리)+(소 2마리)=30
위의 두 식을 이용하면 다음을 구할 수 있습니다.
(양 5마리)+(소 5마리)
=(양 2마리)+(소 3마리)+(양 3마리)+(소 2마리)
=40+30=70
→ (양 1마리)+(소 1마리)=70÷5=14
이를 이용해 양 5마리와 소 7마리가 먹는 양을 구하는 식을
세웁니다.
(양 5마리)+(소 7마리)
={(양 2마리)+(소 3마리)}×2+(양 1마리)+(소 1마리)
=40×2+14=94(kg)
양 5마리와 소 7마리가 하루에 먹는 먹이의 양은 94kg입니다.
일주일 분량을 주문해야 하므로 7을 곱합니다.
따라서 94×7=658(kg)입니다.

7

단계별 힌트

1단계	마지막 남은 할인쿠폰의 수에서 시작해 거꾸로 풀어 나갑니다.
2단계	재환이에게 주고 남은 할인쿠폰의 $\frac{1}{5}$은 몇 장입니까?
3단계	할인쿠폰의 $\frac{5}{6}$는 몇 장입니까?

경호가 희재에게 주고 남은 할인쿠폰 12장은
곧 재환이에게 주고 남은 쿠폰의 $\frac{1}{5}$입니다.
남은 쿠폰의 $\frac{1}{5}$이 12장이므로 재환이에게 주고
남은 쿠폰은 5×12=60(장)입니다.
60장은 경호가 가지고 있던 쿠폰의 $\frac{5}{6}$이므로
$\frac{1}{6}$은 60÷5=12이고,
처음 경호가 가지고 있던 쿠폰은 $\frac{6}{6}$입니다.
따라서 12×6=72(장)입니다.

②세트

• 52쪽~55쪽

1. 50kg	2. 32개	3. 86개	4. 12반
5. 26명	6. 2L 100mL	7. 840개	

1

단계별 힌트

1단계	현재 이 사람의 지방 무게와, 나머지 성분의 무게를 구해 봅니다.
2단계	다이어트에 성공한다면 나머지 성분의 무게는 어떻게 변할까요?
3단계	나머지 성분의 무게를 이용해서 전체 몸무게를 구해 봅니다.

다이어트에 성공해도 지방 무게를 뺀 나머지 성분의 무게는 변하지 않습니다. 이 점을 생각하며 문제를 풉니다.
지방은 다이어트 전 몸무게의 $\frac{4}{5}$고,
지방을 뺀 나머지 성분은 몸무게의 $\frac{1}{5}$입니다.
따라서 지방을 제외한 성분의 무게는
200kg ÷ 5 = 40kg입니다.
다이어트에 성공한 후, 지방을 제외한 성분의 무게 40kg은
변하지 않았습니다.
지방을 제외한 성분의 무게는 전체 몸무게의 $\frac{4}{5}$고,
$\frac{4}{5}$가 40kg이므로 $\frac{1}{5}$은 40÷4=10kg입니다.
따라서 다이어트에 성공한 후 몸무게는 10×5=50(kg)입니다.

2

단계별 힌트

1단계	직사각형의 가로와 세로에 몇 개의 원이 들어갑니까?
2단계	꼭짓점에도 1개의 원이 들어감을 생각합니다.
3단계	사용된 원은 몇 개입니까?

원의 중심을 이어 만든 직사각형의 가로와 세로에 원이 각각
몇 개 들어가는지 구해 봅니다.
가로변에 들어가는 원의 개수는 36÷4=9(개)이고,
세로변에 들어가는 원의 개수는 20÷4=5(개)입니다.
그리고 4개의 꼭짓점에 각각 1개씩의 원이 들어가야 이어 붙일 수 있습니다.
따라서 원의 개수는 9×2+5×2+4=32(개)입니다.

3 ──────────────── 단계별 힌트

1단계	2부터 시작해 5, 7 차례대로 나누어떨어지지 않는 수를 구해 봅니다.
2단계	나누어떨어지지 않는 수를 구하는 것보다 나누어떨어지는 수를 구하는 게 쉽습니다.
3단계	전체 수에서 나누어떨어지는 수의 개수를 빼면 나누어떨어지지 않는 수의 개수가 나옵니다.

1부터 250까지의 자연수 중에서 2로 나누어떨어지지 않는 수는 1, 3, 5, …, 249로 홀수 125개입니다.
홀수 중에서 5로 나누어떨어지는 수는 5, 15, 25, …, 245로 25개입니다.
즉, 2와 5 어느 수로도 나누어떨어지지 않는 수는 $125-25=100$(개)입니다.
2와 5로 나누어떨어지지 않는 이 100개의 수 중에서 7로 나누어떨어지는 수는 7의 곱셈구구를 이용해 직접 구해 봅니다.
7, 21, 49, 63, 77, 91, 119, 133, 147, 161, 189, 203, 217, 231로 14개입니다.
따라서 2, 5, 7의 어느 수로도 나누어떨어지지 않는 수의 개수는 $100-14=86$(개)입니다.

4 ──────────────── 단계별 힌트

1단계	남학생이 210명보다 적으려면 반이 몇 개여야 합니까?
2단계	여학생이 250명보다 많으려면 반이 몇 개여야 합니까?
3단계	두 조건을 동시에 만족하는 반의 개수를 구합니다.

열심초등학교 3학년 전체 반의 수를 □라고 놓고 식을 세워 봅니다.
3학년 전체 남학생 수는 $17 \times$□이고, 여학생 수는 $22 \times$□입니다.
$17 \times$□이 210보다 작아야 합니다.
$17 \times 12 = 204$, $17 \times 13 = 221$이므로
□ 안에 알맞은 수는 12 이하여야 합니다. (12, 11, 10, …)
$22 \times$□이 250보다 커야 합니다.
$22 \times 11 = 242$, $22 \times 12 = 264$이므로
□ 안에 알맞은 수는 12 이상이어야 합니다.
(12, 13, 14, …)
따라서 □ 안에 공통으로 들어갈 수 있는 수는 12입니다.
열심초등학교 3학년은 12반입니다.

5 ──────────────── 단계별 힌트

1단계	학생별 좋아하는 색깔의 개수의 합과 색깔별 좋아하는 학생 수의 합은 서로 같습니다.

2단계	1가지, 2가지, 3가지, 4가지 색깔을 좋아하는 학생을 다 더하면 학생별 좋아하는 색깔의 개수의 합을 구할 수 있습니다.
3단계	색깔별로 좋아하는 학생 수를 다 더하면, 색깔별로 좋아하는 학생의 수의 합을 구할 수 있습니다.

1가지 색깔을 좋아하는 학생은 4명, 2가지 색깔을 좋아하는 학생은 8명, 3가지 색깔을 좋아하는 학생은 10명, 4가지 색깔을 모두 좋아하는 학생이 5명이므로,
(학생별 좋아하는 색깔의 개수의 합)=
$1 \times 4 + 2 \times 8 + 3 \times 10 + 4 \times 5 = 70$(개)입니다.
한편 노랑을 좋아하는 학생 수는 16명, 빨강을 좋아하는 학생 수는 13명, 파랑을 좋아하는 학생 수는 15명입니다.
(색깔별 좋아하는 학생 수의 합)=
$16 + 13 + 15 +$(초록색을 좋아하는 학생 수)$= 70$(명)
(초록색을 좋아하는 학생 수)=
$70 - 16 - 13 - 15 = 26$(명)입니다.

보충 설명

다혜, 하늬, 시헌이가 좋아하는 색을 다음과 같이 조사했습니다.

학생	좋아하는 색
다혜	빨강, 노랑, 파랑
하늬	빨강, 파랑
시헌	노랑, 파랑

아이 별 좋아하는 색깔의 개수의 합은 $3 + 2 + 2 = 7$(개)입니다. 다르게 말하면, 3가지 색을 좋아하는 사람은 1명, 2가지 색을 좋아하는 사람은 2명입니다. 이것을 색깔별로 분류하면 다음과 같이 나타낼 수 있습니다.

좋아하는 색

	사람	인원
빨강	다혜, 하늬	2명
노랑	다혜, 시헌	2명
파랑	다혜, 하늬, 시헌	3명
합계		7명

따라서 학생별 좋아하는 색깔의 개수의 합과 색깔별 좋아하는 학생 수의 합이 같습니다.

6 ──────────────── 단계별 힌트

1단계	물의 양이 주어진 물통은 ㉠입니다.
2단계	㉠을 이용해서 ㉡에 들어 있는 물의 양을 구해 봅니다.
3단계	㉡을 이용해서 ㉢에 들어 있는 물의 양을 구해 봅니다.

물통 ㉠에 물이 3L 500mL만큼 들어 있으므로, 이를 이용해 다른 물통에 들어 있는 물의 양을 구해 봅니다.
㉡에 들어 있는 물의 양은 3L 500mL − 700mL = 2L 800mL
㉢에 들어 있는 물의 양은 2L 800mL − 700mL = 2L 100mL
따라서 물의 양이 가장 적게 들어 있는 물통은 ㉢이고, 들이는 2L 100mL입니다.

7

단계별 힌트

1단계	그림을 그려서 비교해 봅니다.
2단계	㉠ 편의점은 5칸으로, ㉡ 편의점은 16칸으로 나누어 봅니다.
3단계	그림에서 음료수 개수의 차는 몇 칸이고, 어디입니까?

㉠ 편의점 음료수의 $\frac{4}{5}$와 ㉡ 편의점 음료수의 $\frac{1}{4}$이 같습니다. 이를 그림으로 나타내면 다음과 같습니다.

그림에서 두 편의점의 음료수 개수의 차인 440개는 ㉡ 편의점의 11칸에 해당하므로, ㉡ 편의점 1칸이 나타내는 음료수의 수는 440÷11 = 40(개)입니다.
㉠ 편의점은 5칸, ㉡ 편의점은 16칸이므로 두 편의점에 있는 음료수는 모두 21칸입니다. 따라서 두 편의점에 있는 음료수의 수는 40×21 = 840(개)입니다.

③세트

· 56쪽~59쪽

> 1. 556개 2. 112 3. 1) 20cm 2) 141cm
> 4. 딸기맛 사탕: 8개, 포도맛 사탕: 24개
> 5. 16L 800mL 6. 11m
> 7. 말뚝: 52개, 종: 52개

1

단계별 힌트

1단계	종이를 자를 때마다 조각이 몇 개가 되는지 구해 봅니다.
2단계	조각이 늘어나는 규칙을 찾아봅니다.
3단계	조각이 늘어나는 규칙을 식으로 써 봅니다.

종이를 자를 때마다 늘어나는 조각의 개수를 구합니다.
조각 1개를 6조각으로 자르면 자르기 전보다 5개가 늘어납

니다. 2번 자르면 5조각이 1묶음 생기고, 3번 자르면 5조각이 2묶음 생깁니다.

자른 횟수	1	2	3	4	…
조각의 수	6	6+5	6+5×2	6+5×3	…

따라서 111번 반복하면 5조각이 110묶음 생깁니다.
자른 조각은 모두 6+5×110 = 556(개)입니다.

2

단계별 힌트

1단계	주어진 조건을 앞에서부터 풀려 하지 말고 거꾸로 생각해 봅니다.
2단계	9번 더해서 117이 되는 수는 무엇입니까?
3단계	3으로 나누는 것을 거꾸로 계산한다는 건, 3으로 곱하는 것을 말합니다.

거꾸로 생각하여 어떤 수를 구합니다.

거꾸로 생각하면 ○을 9번 더한 수가 117이므로
○×9 = 117, ○ = 117÷9 = 13입니다.
□를 3으로 나눈 수가 ○이므로
□÷3 = ○, □ = ○×3 = 13×3 = 39입니다.
어떤 수에서 73을 뺀 수가 □이므로
(어떤 수) − 73 = 39입니다. (어떤 수) = 73+39 = 112입니다.

3

단계별 힌트

1단계	그림에 실제로 반지름의 길이를 써 가며 구해 봅니다.
2단계	2)를 풀기 위해서는 1)의 규칙성을 찾아야 합니다.

1) 원 5개의 중심을 연결한 선분에 반지름의 길이를 직접 적어 봅니다. 오른쪽 원이 왼쪽 원의 중심을 지나게 그렸으므로, 그림에서 선분 ㄱㄴ의 길이는 1+2+3+4+5+5 = 20(cm)임을 알 수 있습니다. 즉, 가장 작은 원부터 반지름의 길이를 차례로 더하고, 가장 큰 원의 반지름만 1번 더 더하면 됩니다.
2) 1)에서 푼 것과 같은 규칙성을 생각합니다.

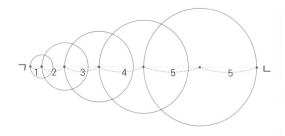

가장 작은 원부터 반지름을 더하고, 가장 큰 원은 반지름을 한 번 더 더합니다. 원이 총 10개이므로 점점 길어지는 반지름을 10개 더합니다.
원을 연결하는 선분의 길이는
$3+5+7+9+11+13+15+17+19+21+21=141$ (cm)입니다.

4

1단계	전체의 $\frac{8}{12}$이 64개이면, 전체의 $\frac{1}{12}$은 몇 개입니까?
2단계	전체의 $\frac{1}{12}$을 알 때, 전체의 $\frac{3}{12}$은 어떻게 알 수 있습니까?

전체의 $\frac{1}{12}$을 먼저 구하면 전체 사탕의 개수를 쉽게 구할 수 있습니다.
전체 사탕의 $\frac{8}{12}$이 64개이므로 $\frac{1}{12}$은 $64 \div 8 = 8$(개)입니다.
따라서 딸기맛 사탕은 8개입니다.
또한 포도맛 사탕은 전체의 $\frac{3}{12}$이므로
포도맛 사탕의 개수는 $8 \times 3 = 24$(개)입니다.

5

1단계	45병을 마시고 난 빈 병으로 몇 병을 바꿀 수 있습니까?
2단계	빈 병으로 바꾼 음료수도 다시 5병을 모아 가게에 가져가면 1병으로 바꿔 줍니다.

45병을 마시면 빈 병 45개가 생깁니다. 45병으로 받을 수 있는 새 음료수는 $45 \div 5 = 9$(병)입니다.
받아온 음료수 9병을 마시고, 이 중 5병으로 1병을 받아 옵니다. 이 음료수 1병을 마시고 남아 있던 빈 병 4개와 합쳐 5병을 만들고, 이걸로 1병을 받아 옵니다.
이것들을 모두 합하면 $45 + 9 + 1 + 1 = 56$(병)입니다.
음료수의 양은 $300mL \times 56 = 16L\ 800mL$입니다.

6

1단계	겹치지 않은 부분은 전체 막대 길이의 얼마지?
2단계	겹치지 않은 왼쪽 부분과 오른쪽 부분은 각각 얼마입니까?
3단계	막대 하나의 길이가 6m임을 이용해 봅니다.

막대의 각 부분이 전체의 얼마인지 구해 봅니다.
겹친 부분의 길이가 전체의 $\frac{1}{11}$이므로,
겹치지 않은 부분의 길이는 전체의 $\frac{10}{11}$입니다.
그런데 겹친 부분 양 옆의 겹치지 않은 부분의 길이는 같으므로,
각각 전체의 $\frac{5}{11}$에 해당합니다.

막대 길이는 6미터, $\frac{5}{11} + \frac{1}{11} = \frac{6}{11}$이 6m이므로
막대 길이의 $\frac{1}{11}$은 1m입니다.
전체 길이는 11m입니다.

7

1단계	91을 7로 나누면 13입니다. 그런데 양끝에도 말뚝을 박습니다.
2단계	종의 개수는 변을 간격으로 나눈 것과 같습니다.
3단계	어려우면 한 변이 3인 정사각형에 간격 1로 말뚝과 종을 직접 표시해 봅니다.

정사각형의 한 변에 박는 말뚝의 개수부터 구합니다. 양끝에도 말뚝을 꽂으므로, 변의 길이를 간격으로 나눈 것에 1을 더해야 합니다. 따라서 $91 \div 7 + 1 = 13 + 1 = 14$(개)입니다. 이를 4로 곱하면 되지만, 말뚝 4개는 중복되므로 빼 줘야 합니다. 따라서 정사각형의 네 변에 꽂은 말뚝의 개수는 $14 \times 4 - 4 = 56 - 4 = 52$(개)입니다.
한편 말뚝과 말뚝 사이에 종을 달기 때문에, 정사각형 한 변에 다는 종의 개수는 말뚝의 개수보다 하나 적은 13개입니다. 그러나 꼭짓점에는 종을 달지 않으므로 중복되지 않습니다. 따라서 필요한 종의 개수는 $13 \times 4 = 52$(개)입니다.
필요한 말뚝과 종의 개수는 각각 52개씩입니다.

다른 풀이

꼭짓점을 포함한 말뚝의 개수가 계산이 되지 않는다면, 간단한 단위의 사각형을 그려 말뚝과 종을 표시해 봅니다. 한 변이 3m이고 1m 간격으로 말뚝을 꽂는 그림을 그려 봅니다. 한 변에 말뚝을 4개 꽂을 수 있고, 4 변이면 말뚝 16개가 필요합니다. 그런데 4개가 중복되므로 4를 빼 줍니다.

한 변이 3m이고 1m 간격으로 꽂는 경우
말뚝: (3+1)×4-4=12(개)
종: 3×4=12(개)

이렇게 원리와 규칙을 파악한 후 문제로 돌아가 풀어 봅니다.

④세트

· 60쪽~63쪽

1. 1) 10씩 늘어나는 5개 수의 합은 가운데 수의 5배와 같습니다.   2) 180
2. 98   3. 작은 원: 6cm, 큰 원: 7cm
4. 200쪽   5. 49개   6. 86   7. $10\frac{2}{6}$

1 ——————————— 단계별 힌트

1단계	10씩 늘어나는 5개 수를 더해 보며 규칙을 찾아봅니다.
2단계	10씩 늘어나는 5개 수의 합은 10씩 늘어나는 3개 수의 합의 규칙과 어떤 비슷한 점이 있습니까?
3단계	네 자리 수는 1000보다 크거나 같고, 10000보다 작은 수입니다.

1) 여러 가지 수를 서로 더해 보며 10씩 늘어나는 5개 수의 합의 규칙을 찾아봅니다. 그러면 10씩 늘어나는 5개 수의 합은 가운데 수의 5배와 같다는 규칙을 찾을 수 있습니다.
10+20+30+40+50=30×5=150

70+80+90+100+110=90×5=450

2) 10씩 늘어나는 5개의 수 중 가운데 있는 수를 □라고 하면, 5개 수의 합은 □×5입니다.
5개 수의 합이 네 자리 수가 되기 위해서는 □×5가 1000보다 크거나 같고 10000보다 작아야 합니다. 이것을 만족하는 □는 200, 201, 202, …, 1999입니다. 따라서 처음으로 네 자리 수가 될 때는 □=200인 경우고, 10씩 늘어나는 5개의 수는 180, 190, 200, 210, 220입니다. 이때 가장 작은 수는 180입니다.

2 ——————————— 단계별 힌트

1단계	㉠ 조건을 만족하는 두 자리 수는 어떻게 구할 수 있습니까?
2단계	㉡ 조건을 만족하는 수를 찾을 때, 두 자리 수 모두를 두고 생각하지 않고 ㉠ 조건을 만족하는 수 중에서 찾습니다.

각 조건을 만족하는 두 자리 수를 구해 봅니다. 이때 각 조건을 만족하는 수를 차례로 구해 갑니다.
㉠ 14로 나누어떨어지는 두 자리 수는 14를 곱해 구할 수 있습니다. 14, 28, 42, 56, 70, 84, 98이 있습니다.
㉠의 수 중에서 8로 나누면 나머지가 2인 수는 42와 98입니다.
㉡의 수 중에서 일의 자리 숫자가 십의 자리 숫자보다 1 작은 수는 98입니다.
따라서 조건을 모두 만족하는 두 자리 수는 98입니다.

3 ——————————— 단계별 힌트

1단계	선분 ㄱㄴ의 구성을 잘 봅니다.
2단계	선분 ㄱㄴ의 길이가 53cm라는 것을 이용해서 작은 원의 지름을 구할 수 있습니다.
3단계	작은 원의 지름과 큰 원의 지름은 얼마나 차이가 납니까?

선분 ㄱㄴ을 왼쪽에서부터 오른쪽으로 살펴보면, 1cm+(작은 원의 지름)+1cm+(작은 원의 지름)+1cm+(작은 원의 지름)+1cm+(작은 원의 지름)+1cm로 구성되어 있습니다. 이를 식으로 정리해 선분 ㄱㄴ의 길이인 53cm와 같다고 둡니다.
(작은 원의 지름)×4+1×5=53
→ (작은 원의 지름)×4=48
→ (작은 원의 지름)=48÷4=12(cm)
큰 원의 지름은 12+1+1=14(cm)입니다.
문제에서는 반지름을 구하라고 했으므로, 작은 원의 반지름은 6cm이고 큰 원의 반지름은 7cm입니다.

4

1단계	막대를 그려서 풀면 더 쉽습니다.
2단계	90쪽은 첫째 날 읽고 남은 나머지의 몇 분의 몇입니까?
3단계	첫째 날 읽고 남은 책은 전체의 몇 분의 몇입니까?

그림을 이용하여 90쪽이 첫째 날 읽고 남은 나머지의 몇 분의 몇인지 알아봅니다.

둘째 날 읽고 남은 90쪽은 첫째 날 읽고 남은 나머지의 $\frac{3}{5}$입니다. 따라서 첫째 날 읽고 남은 나머지의 $\frac{1}{5}$은 90÷3=30(쪽)입니다.
첫째 날 읽은 양의 나머지는 30×5=150(쪽)이고, 이는 전체의 $\frac{3}{4}$입니다. 따라서 전체의 $\frac{1}{4}$은 150÷3=50(쪽)입니다.
따라서 소설책 전체 쪽수는 50×4=200(쪽)입니다.

5

1단계	주어진 조건에서 공통적으로 들어가는 과일은 무엇입니까?
2단계	수박 3개의 무게는 배 몇 개의 무게와 같습니까?
3단계	배 3개의 무게는 사과 몇 개의 무게와 같습니까?

수박과 배, 사과의 무게를 배의 무게를 이용해 바꿔 봅니다.
1. (수박 1개)=(배 12개)이므로,
(수박 3개)=(배 36개)입니다.
(배 36개)=(배 15개)+(배 21개)입니다.
2. 배 21개의 무게를 사과의 무게로 바꾸기 위해
(배 9개)=(사과 21개)를 이용합니다.
(배 3개)=(사과 7개)이고,
따라서 (배 21개)=(사과 49개)입니다.
3. 따라서 (수박 3개)=(배 15개)+(사과 49개)입니다.

6

1단계	8로 나누면 나머지가 6이 되는 수는 8로 나누어떨어지는 수보다 2가 부족한 수입니다.
2단계	11로 나누면 나머지가 9가 되는 수는 11로 나누어떨어지는 수보다 2가 부족한 수입니다.

3단계	1단계와 2단계를 동시에 만족하는 수는, 8과 11로 동시에 나누어떨어지는 수보다 2가 부족한 수입니다.

□로 나누어 나머지가 △인 두 자리 수의 규칙을 생각해 봅니다.
8로 나누어 나머지가 6인 수는 8로 나누어떨어지는 수보다 2가 부족한 수입니다. 11로 나누어 나머지가 9인 수는 11로 나누어떨어지는 수보다 2가 부족한 수입니다. 따라서 두 조건을 동시에 만족하는 수는 8과 11로 동시에 나누어떨어지는 수보다 2가 부족한 수입니다.
두 자리 수 중에서 8과 11로 동시에 나누어떨어지는 수는 88이므로, 여기서 2가 부족한 수는 86입니다.
참고로 이를 식으로 쓰면 다음과 같습니다.
86=8×11-2=8×10+6
86=11×8-2=11×7+9

7

1단계	분수가 변하는 모양을 보면서 규칙을 찾아봅니다.
2단계	규칙이 반복되고 있습니다. 몇 개 묶음으로 규칙이 반복됩니까?

분자, 분모의 어느 부분이 변하고, 어떻게 변하는지 알아봅니다.
1. 분모는 변하지 않습니다.
2. 분자는 1, 2, 3, 4, 5가 반복됩니다.
3. 5개마다 자연수 부분이 1씩 커집니다.
따라서 52번째 분수는 11번째 묶음의 두 번째 분수입니다.
5개씩 묶은 10번째 묶음의 마지막인 $9\frac{5}{6}$가 50번째 분수입니다.
51번째 분수는 $10\frac{1}{6}$이므로, 52번째 분수는 $10\frac{2}{6}$입니다.

⑤세트

· 64쪽~67쪽

1. 25번	2. 66명	3. 34cm	4. 60g
5. 248개	6. 14개	7. 16개	

1

1단계	경태는 몇 번 졌습니까? 몇 번 졌는지는 어떻게 알 수 있습니까?
2단계	경태가 잃은 점수는 총 몇 점입니까?
3단계	경태가 얻은 총 점수로 경태가 이긴 횟수를 계산합니다.

준완이는 12번 이겼으므로 경태는 12번 졌습니다. 지면 5점을 잃으므로 경태는 12×5=60(점)을 잃었습니다.

이긴 횟수를 □라고 놓으면, 이기면 15점을 얻으므로 경태가 이겨서 얻은 점수는 15×□입니다. 잃은 점수는 60점입니다. 경태가 얻은 총 점수는 135입니다. 이를 식으로 세워 봅니다.

$15×□-60=135$
$→15×□=195$

□$=195÷15=13$이므로, 경태가 이긴 횟수는 13번입니다. 따라서 가위바위보를 한 횟수는 (경태가 진 횟수)+(경태가 이긴 횟수)$=12+13=25$(번)입니다.

2

단계별 힌트

1단계	60보다 크고 90보다 작은 수 중 7로 나누었을 때 나머지가 3인 수를 찾아봅니다.
2단계	7로 나누었을 때 나머지가 3인 수는 7로 나누어떨어지는 수보다 3만큼 큰 수입니다.
3단계	2단계에 찾은 수 중에서, 8로 나누면 나머지가 2인 수를 찾아봅니다.

60보다 크고 90보다 작은 수 중에서 7로 나누었을 때 나머지가 3인 수는 7로 나누어떨어지는 수보다 3이 큰 수입니다.
$7×9+3=66$, $7×10+3=73$, $7×11+3=80$, $7×12+3=87$
이 수들 중 8로 나누어 나머지가 2인 수를 찾아봅니다.
$66÷8=8…2$이므로, 학생은 66명입니다.

3

단계별 힌트

1단계	원의 개수가 늘어남에 따라 직사각형 변의 길이는 어떻게 변합니까?
2단계	표를 이용해서 정리해 봅니다.
3단계	표에서 규칙을 찾아봅니다.

한 변에 놓인 원의 개수가 변함에 따라 직사각형 변의 길이가 어떻게 바뀌는지 생각해 봅니다.
한 변에 놓인 원의 개수와 직사각형 가로와 세로의 길이를 구해 보면 표와 같습니다.

순서	가로 원의 개수	세로 원의 개수	직사각형 둘레의 길이
첫 번째	4	3	가로(3cm) 세로(2cm) 둘레(10cm)
두 번째	5	4	가로(4cm) 세로(3cm) 둘레(14cm)
세 번째	6	5	가로(5cm) 세로(4cm) 둘레(18cm)
⋮	⋮	⋮	⋮

순서가 늘어날수록 가로와 세로에 원이 하나씩 늘어나므로, 가로와 세로의 길이가 각각 1cm씩 늘어납니다. 따라서 직사각형 둘레의 길이는 4cm씩 늘어납니다. 첫 번째 직사각형의 둘레의 길이가 10cm이므로, 7번째 직사각형의 둘레의 길이는 10cm에 4cm씩 6번 더하면 되므로 34cm입니다. 이를 식으로 쓰면 다음과 같습니다.
(7번째 직사각형 둘레의 길이)$=10+4×6=34$(cm)

4

단계별 힌트

1단계	봉지의 수를 똑같이 만들어서 비교해 봅니다.
2단계	2번째 식에서 고구마 과자 1봉지를 고구마 과자 2봉지로 바꿔 봅니다.
3단계	첫 번째 식의 고구마 과자 2봉지를 2번째 식을 이용해서 표현해 봅니다.

봉지의 수를 똑같이 만들어 비교하고, 하나의 봉지 값을 찾아봅니다.
(고구마 과자 1봉지)=(새우 과자 1봉지)+80이므로,
(고구마 과자 2봉지)=(새우 과자 2봉지)+160입니다.
그런데 (고구마 과자 2봉지)+120=(감자 과자 1봉지)입니다.
따라서 (새우 과자 2봉지)+160+120=(감자 과자 1봉지)
즉 (감자 과자 1봉지)=(새우 과자 2봉지)+280
그런데 (감자 과자 1봉지)=(새우 과자 4봉지)+160이므로
(새우 과자 2봉지)+280=(새우 과자 4봉지)+160
→ (새우 과자 2봉지)+160+120
   =(새우 과자 2봉지)+160+(새우 과자 2봉지)
따라서 (새우 과자 2봉지)=120이고,
(새우 과자 1봉지)=60(g)입니다.

5

단계별 힌트

1단계	세 종류의 상자를 1개씩 사용하려면 어떻게 해야 합니까?
2단계	상자 수를 가장 적게 사용할 수 있는 방법을 찾아봅니다.

먼저 세 종류의 상자 1개씩 담을 수 있는 공의 수를 알아봅니다. 세 종류의 상자를 반드시 1개씩 사용해야 하므로 공을 먼저 세 종류의 상자에 각각 담으면 $3+4+5=12$(개)입니다.
남은 공 $1234-12=1222$(개)를 상자 수를 가장 적게 사용해 담으려면 공을 5개씩 담을 수 있는 상자를 가장 많이 사용하면 됩니다. $1222÷5=243…7$에서 5개를 담을 수 있는 상자를 243개 사용하면 남은 공이 7개이므로 3개와 4개를 담을 수 있는 상자를 각각 1개씩 사용하면 공을 상자에 모두 담을 수 있습니다.
따라서 가장 적게 필요한 상자 수는

3 + 243 + 1 + 1 = 248(개)입니다.
주의) 1222 ÷ 5 = 244 ⋯ 2로 계산하면
2개의 공을 담을 상자가 없습니다.

6
단계별 힌트

1단계	10cm 구간에 있는 원 3개의 중심을 연결해서 삼각형을 만들어 봅니다.
2단계	10cm 구간은, 반지름 2개와 삼각형 하나로 이루어져 있습니다. 삼각형의 높이는 얼마입니까?
3단계	38cm 안에 삼각형이 몇 개 들어갑니까?

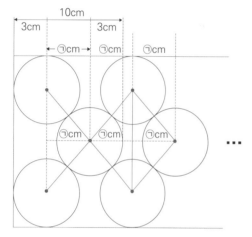

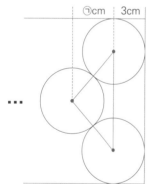

원의 중심을 지나는 삼각형이 만들어지는 구간의 길이를
㉠이라고 하면
3 + ㉠ + 3 = 10이므로 ㉠ = 4(cm) 입니다.
가로가 38cm인 직사각형의 양끝은 원의 반지름만큼 떨어져 있으므로
(38 − 3 − 3) ÷ 4 = 32 ÷ 4 = 8로 ㉠은 8번 들어갑니다.
㉠의 개수가 늘어날 때 들어간 원의 수를 표를 통해 나타냅니다.

㉠의 개수	들어간 원의 수
1	3
2	5
3	6
4	8
5	9
6	11
7	12
8	14

㉠의 개수가 늘어날 때 들어간 원의 수는
2개 − 1개 − 2개 − 1개 순으로 늘어납니다.
따라서 원을 겹치지 않게 14개 그릴 수 있습니다.

7
단계별 힌트

1단계	가분수를 대분수로 나타내 봅니다.
2단계	어떤 규칙을 발견했습니까?
3단계	대분수로 나올 수 있는 수 중 가장 큰 수는 얼마입니까?

주어진 가분수들을 대분수로 바꾸면
$\frac{6}{6}$, $1\frac{1}{6}$, $1\frac{2}{6}$, $1\frac{3}{6}$, $1\frac{4}{6}$, $1\frac{5}{6}$, $1\frac{6}{6}$, $2\frac{1}{6}$ $2\frac{2}{6}$, ⋯
즉 대분수의 자연수가 1씩 커질 때마다 분자가 4인 분수가 나옵니다.
처음으로 분자가 4인 가분수는 $\frac{10}{6} = \frac{6}{6} + \frac{4}{6} = 1\frac{4}{6}$이고,
마지막 가분수 $\frac{100}{6} = \frac{96}{6} + \frac{4}{6} = 16\frac{4}{6}$입니다.
따라서 주어진 분수에서 분자가 4인 대분수는
자연수가 1, 2, 3 ⋯ 16인 대분수이므로 모두 16개입니다.

실력 진단 테스트
·70쪽~77쪽

1. 337명   2. 1410km   3. 1분
4. 940개   5. 3   6. 816, 1938, 2346
7. 840쪽   8. 3000개   9. 1, 4, 7
10. □ = 1, ○ = 4, △ = 4, ◇ = 1, ☆ = 8, ▽ = 6
11. 12m   12. ④   13. $\frac{101}{17}$
14. ■ = 1, ■ = 1000, ■ = 6, ■ = 300
15. 1) 2근   2) $1\frac{1}{2}$관

1 하
단계별 힌트

| 1단계 | 적어도 49개가 필요하다는 말이 무슨 뜻입니까? |

| 2단계 | 7명씩 48개의 의자에 모두 앉고 한 사람이 남는다면 의자는 몇 개 필요합니까? |

49개의 의자에 모두 앉는 경우 학생 수는
$7 \times 49 = 343$(명)입니다.
학생 수가 가장 적은 경우는 마지막 의자에 1명이 앉는
경우이므로 $343 - 6 = 337$(명)입니다.

2 중 ·· 단계별 힌트

| 1단계 | 1시간에 180km를 가면, 30분과 20분에는 몇 km를 갈 수 있습니까? |
| 2단계 | 1시간 30분과 6시간 20분 동안 이동한 거리를 더해 봅니다. |

자동차는 집에서 다시 집으로 1시간 30분이 걸려서 갔고,
집에서 할머니 댁으로 6시간 20분이 걸려 갔습니다.
성민이가 탄 자동차는 1시간에 180km를 가므로
1시간 30분 동안에는 $180 + 90 = 270$(km)를
이동합니다.
한편 20분은 $\frac{1}{3}$시간이므로,
6시간 20분 동안 이동한 거리는
$180 \times 6 + 180 \div 3 = 1080 + 60 = 1140$(km)입니다.
따라서 총 이동한 거리는
$270 + 1140 = 1410$(km)입니다.

> **다른 풀이**
>
> 성민이가 탄 자동차가 이동한 시간은
> 1시간 30분 + 6시간 20분 = 7시간 50분입니다.
> 자동차는 1시간에 180km를 가므로
> 10분($\frac{1}{6}$시간) 동안 30km를 갑니다.
> 50분은 $\frac{5}{6}$시간이므로 50분 동안 $30 \times 5 = 150$km를 갑니다.
> 7시간 50분 동안 이동한 거리는
> $180 \times 7 + 150 = 1260 + 150 = 1410$(km)입니다.

3 중 ·· 단계별 힌트

1단계	통나무 3개를 18도막으로 나누려면, 통나무 1개를 몇 도막으로 잘라야 할까요?
2단계	총 몇 번 자르고, 몇 번 쉬어야 합니까?
3단계	쉬는 시간을 □라고 하고 식을 세워 봅니다.

통나무 3개를 18도막으로 똑같이 나누려면 통나무 1개를
6도막으로 나눕니다.

통나무 1개를 6도막으로 나누려면 5번 잘라야 합니다.
통나무가 3개 있으므로 총 15번 잘라야 합니다.
통나무를 자를 때마다 1번씩 쉬는데, 마지막 15번째에는 자
르고 쉴 필요가 없으므로 14번 쉽니다.
쉬는 시간을 □라고 하고 식을 세워 봅니다.
1시간 44분 = 104분이므로 $6 \times 15 + □ \times 14 = 104$
$\rightarrow 90 + □ \times 14 = 90 + 14$
$\rightarrow □ \times 14 = 14$
$□ = 1$(분)입니다.

4 하 ·· 단계별 힌트

1단계	달걀의 전체 개수는 어떻게 계산합니까?
2단계	판매한 달걀의 개수는 어떻게 계산합니까?
3단계	남은 달걀의 수는 전체 달걀의 수에서 판매한 달걀의 수를 빼면 나옵니다.

(전체 달걀의 수) = $30 \times 58 = 1740$(개)
(판매한 달걀의 수) = $20 \times 40 = 800$(개)
(남은 달걀의 수) = $1740 - 800 = 940$(개)

5 상 ·· 단계별 힌트

1단계	반복되는 수의 규칙을 찾아봅니다.
2단계	몇 개의 수가 반복됩니까?
3단계	167번째 수는 반복되는 수가 몇 번 돌아야 나옵니까?

반복되는 수의 규칙을 알아봅니다.
[1 2 3 4 5 6 7 6 5 4 3 2 1]의 13개 수가 반복되는 규칙입
니다.
$167 \div 13 = 12 \cdots 11$이므로, 167번째 수는
1 2 3 4 5 6 7 6 5 4 3 2 1이 12번 반복된 후 11번째 수
입니다.
정답은 3입니다.

6 하 ·· 단계별 힌트

| 1단계 | 34를 곱하는 규칙입니다. |
| 2단계 | (두 자리 수) × (두 자리 수)를 계산해 봅니다. |

상자의 규칙은 넣은 수에 34를 곱하는 것이므로,
□ × 34의 □에 24, 57, 69를 차례로 넣어 계산합니다.
$24 \times 34 = 816$ 따라서 ㉠ = 816
$57 \times 34 = 1938$ 따라서 ㉡ = 1938
$69 \times 34 = 2346$ 따라서 ㉢ = 2346

7 하
단계별 힌트

1단계	2주일은 며칠입니까?
2단계	2주일 동안 동화책은 몇 쪽 읽고, 위인전은 몇 쪽 읽었습니까?
3단계	읽은 쪽수를 모두 더해 봅니다.

2주일은 14일입니다. 2주일 동안 수영이가 읽은 책의 쪽수는 읽은 동화책의 쪽수에 읽은 위인전의 쪽수를 더한 값입니다.
14일 동안 읽은 동화책의 쪽수는 34×14쪽이고,
14일 동안 읽은 위인전의 쪽수는 26×14쪽입니다.
이를 식으로 세우면 다음과 같습니다.
(수영이가 2주일 동안 읽은 책의 쪽수)
$= 34 \times 14 + 26 \times 14$
$= (34 + 26) \times 14$
$= 60 \times 14 = 840$(쪽)

8 상
단계별 힌트

1단계	차가 일정한 세 수의 합은 가운데 수의 3배와 같습니다.
2단계	네 자리 수는 1000보다 크거나 같고 10000보다 작습니다.
3단계	가운데 수를 □라고 놓고, □×3의 식으로 생각해 봅니다.

$100 + 122 + 144 = 122 + 122 + 122$이므로 122×3으로 나타낼 수 있습니다. 따라서 차례로 차가 22인 세 수의 합은 세 수 중 가운데 수의 3배와 같습니다.
따라서 세 수의 합을 곱셈으로 고쳐봅니다. 가운데 수를 □라고 하면, □×3이라고 할 수 있습니다.
□×3은 1000보다 크거나 같고, 10000보다 작아야 합니다.
$334 \times 3 = 1002$, $335 \times 3 = 1005$, …, $3333 \times 3 = 9999$이므로
□=334, 335, 336, …, 3333입니다.
따라서 □×3이 네 자리 수가 되는 식의 개수는
$3333 - 334 + 1 = 3000$(개)입니다.

보충 설명

연속하는 자연수의 수의 개수를 구하려면 끝 수에서 첫 수를 뺀 다음 1을 더해 주면 됩니다. 이를 식으로 쓰면 (끝 수) − (첫 수) + 1입니다. 예를 들어 2부터 11까지의 수의 개수는 10개입니다. 끝 수인 11에서 첫 수인 2를 뺀 다음 다시 1을 더하면 10입니다.

9 하
단계별 힌트

1단계	6으로 나누어떨어지는 수는 각각 2와 3으로 나누어떨어집니다.
2단계	2로 나누어떨어지는 수는 일의 자리가 2로 나누어떨어집니다.
3단계	3으로 나누어떨어지는 수는 각 자리 숫자의 합이 3으로 나누어떨어집니다.

6으로 나누어떨어지는 수는 2와 3으로 동시에 나누어떨어져야 합니다. 2로 나누어떨어지려면 일의 자리 숫자가 2로 나누어떨어져야 하는데, 그렇다면 □2에서 □에 어떤 수가 들어가든 2로 나누어떨어진다는 것을 알 수 있습니다.
3으로 나누어떨어지는 수는 각 자리 숫자의 합이 3으로 나누어떨어집니다. (2단원 나눗셈 참고) 따라서 (□+2)가 3으로 나누어떨어져야 하고, 이것을 만족하는 □는 1, 4, 7입니다.

10 상
단계별 힌트

1단계	나눗셈이므로 세로셈에서 뺄셈과 곱셈 계산을 이용해 값을 찾을 수 있습니다.
2단계	쉽게 찾을 수 있는 값이 무엇입니까?
3단계	가장 쉽게 찾을 수 있는 값은 ☆입니다. 8−0=☆입니다. 이를 이용해 근처의 값들을 차근차근 찾아 나갑니다.

1. 8−0=☆입니다. 따라서 ☆=8입니다.
2. ☆−▽=2이고, ☆=8이므로 8−▽=2입니다. 만약 받아내림이 있으면 18−▽=2인데, 받아내림이 있게 하는 8보다 큰 값은 9입니다. 그런데 18−9=9이므로 식과 맞지 않습니다. 따라서 받아내림은 없습니다. 따라서 ▽=6입니다.
3. ◇−1=0이고 받아내림이 없으므로 ◇=1입니다.
4. 5−△=1이고 받아내림이 없으므로 △=4입니다.
5. ○×4=16이므로 ○=4입니다.
6. 4×□=4이므로 □=1입니다.

11 상
단계별 힌트

1단계	도로의 처음과 끝에도 가로등을 세웁니다.

2단계	도로의 양쪽에 18개를 세운다면, 한 쪽에는 몇 개를 세울 수 있습니까?
3단계	가로등과 가로등 사이가 몇 군데가 나옵니까?

도로 양쪽에 18개를 세워야 하므로, 도로 한쪽에는 18개의 절반인 9개를 세워야 합니다. 도로의 처음과 끝에도 가로등을 세워야 하므로, 가로등을 9개 세우면 가로등과 가로등 사이 공간은 9 − 1 = 8(군데)가 나옵니다.

→ (가로등 사이의 거리) = 96 ÷ 8 = 12(m)

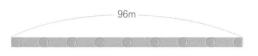

96m

12 하   단계별 힌트

1단계	40의 $\frac{1}{8}$은 40을 8등분한 것 중 하나입니다.
2단계	30의 $\frac{1}{6}$은 30 ÷ 6으로 생각할 수도 있습니다.

직접 나눗셈으로 계산해 값을 확인합니다.
①, ②, ③, ⑤번은 모두 그 값이 5입니다.
반면 ④번은 값이 3입니다.

13 중   단계별 힌트

1단계	17로 나누었을 때 나올 수 있는 가장 큰 나머지는 얼마입니까?
2단계	나눗셈을 곱셈으로 바꿔 분자의 값을 알아냅니다.
3단계	(분자) = 17 × 5 + (나머지)

17로 나누었으므로 나올 수 있는 나머지 중 가장 큰 수는 16입니다.
따라서 (분자) ÷ 17 = 5…16이고,
이를 곱셈으로 바꾸면 (분자) = 17 × 5 + 16입니다.
이를 계산하면 (분자) = 101입니다.
따라서 구하려는 가분수는 $\frac{101}{17}$입니다.

14 하   단계별 힌트

1단계	각 단위끼리 계산해 봅니다.
2단계	1L = 1000mL입니다.
3단계	1000mL보다 크면 L단위로 받아올려야 합니다.

mL 단위의 합이 1000mL보다 크면 L 단위로 받아올림합니다.
1300mL = 1L + 300mL입니다.

```
    4L    500mL
 +  1L    800mL
 ───────────────
    5L   1300mL
   1 L ← 1000 mL
 ───────────────
   1 L    300 mL
```

15 중   단계별 힌트

1단계	삼겹살 6인분은 몇 g입니까?
2단계	쌈 채소 6kg은 (채소 4kg) + (채소 2kg)입니다.
3단계	쌈 채소 2kg은 몇 관입니까?

1) 삼겹살 6인분은 200 × 6 = 1200(g)입니다.
   1근은 600g이고, 1200 = 600 + 600이므로
   1200g은 2근입니다.
2) (쌈 채소 6kg) = (채소 4kg) + (채소 2kg)입니다.
   채소 2kg은 $\frac{1}{2}$관입니다.
   따라서 (쌈 채소 6kg) = (채소 4kg) + (채소 2kg)
   → 1(관) + $\frac{1}{2}$(관) = $1\frac{1}{2}$(관)

실력 진단 결과

채점을 한 후, 다음과 같이 점수를 계산합니다.
(내 점수) = (맞은 개수) × 6 + 10(점)

내 점수: ＿＿＿＿＿ 점

점수별 등급표
90점~100점: 1등급(~4%)
80점~90점: 2등급(4~11%)
70점~80점: 3등급(11~23%)
60점~70점: 4등급(23~40%)
50점~60점: 5등급(40~60%)

※해당 등급은 절대적이지 않으며 지역, 학교 시험 난도, 기타 환경 요소에 따라 편차가 존재할 수 있으므로 신중하게 활용하시기 바랍니다.

기다렸어 어서 와, 심화는 처음이지?
심화 초심자를 최상위로 이끄는 확실한 심화 입문서!

·STEP 1· 열려라 개념

무엇이든 준비 없이 덤비면 안 되죠! 심화에 도전할 준비가 되어 있는지 기본 개념 테스트에서 확인해요. 개념들을 정확히 알고 있는지 스스로 확인할 수 있어요. 문제를 푸는 과정에서 개념을 더 단단하게 다지는 건 덤!

·STEP 2· 열려라 심화

가장 자주 나오는 심화개념들만 모아 준비했어요. 심화에 처음 도전하는 아이에게 딱 맞는 수준의 예제와 문제들이 유형별로 펼쳐져요. 이 책의 가장 큰 특징인 **단계별 힌트 방식**의 답지는 답을 스스로 찾게 유도합니다. 이 모든 게 생각의 힘을 기르는 과정입니다.

·STEP 3· 열려라 실력

기본 개념과 심화개념을 익혔다면, 이제 내 실력이 어느 정도인지 확인할 때! 한 학기 동안 익힌 심화개념을 섞어서 풀어 보는 심화종합은 두뇌를 깨워 줘요. 실력 진단 테스트까지 풀면 내 실력을 확실히 확인할 수 있어요!

⇓

·FINAL· 열려라 문제해결력!

이제 최상위 수준 심화수학에 도전할 준비 끝!

심화, 방법만 알면 누구나 해낼 수 있다
생각의 힘을 기르는 진짜 수학 공부!

본격
심화교재

열려라
심화
초등수학

기초부터
개념·응용교재

개념·응용교재를 마쳤지만
심화는 부담스럽다면?
이 책으로 시작하세요!

· 아이 스스로 문제를 풀도록 돕는 단계별 힌트 방식의 답지 ·

이 책의 가장 큰 특징은 3단계로 힌트를 던져 주는 방식의 답지입니다!
아이가 문제를 스스로 해결하는 성공의 경험이 쌓이면 문제해결력과 자신감이 커집니다.

✓개념 확인 ✓심화 풀이 ✓실력 체크
한번에 해결하는 수학 완전학습서

63410

값 12,000원

ISBN 979-11-91426-53-3 (63410)

9 791191 426533